Healing the Landscape

Celebrating Sudbury's Reclamation Success

Un paysage en renaissance

Sudbury — inspiration d'un succès écologique

Text / texte — Nicola Ross

Photography / photos — Mike Grandmaison • Don Johnston

Distributed by
City of Greater Sudbury
Land Reclamation
PO Box 5000 Station A
200 Brady Street
Sudbury, Ontario, Canada
P3A 5P3

Distribué par
La Ville du Grand Sudbury
Réhabilitation des sols
C.P. 5000, SUCC. A
200, rue Brady
Sudbury (Ontario) Canada
P3A 5P3

www.city.greatersudbury.on.ca
healing@city.greatersudbury.on.ca

NATIONAL LIBRARY OF CANADA CANADIAN CATALOGUING IN PUBLICATION DATA

Ross, Nicola, 1957–
Healing the landscape : celebrating Sudbury's reclamation success =
Un paysage en renaissance : Sudbury, inspiration d'un succès écologique

Text in English and in French.
ISBN 0-9688324-0-7

1. Reclamation of land — Ontario — Sudbury. 2. Revegetation — Ontario — Sudbury. 3. Environmental degradation — Ontario — Sudbury — History. I. Grandmaison, Mike, 1954– . II. Johnston, Don, 1950– . III. Sudbury (Ont.). IV. Title. V. Title: Paysage en renaissance.

TD171.5.C32S92 2001 333.73'153'09713133 C2001-930183-9E

DONNÉES DE CATALOGAGE AVANT PUBLICATION DE LA BIBLIOTHÈQUE DU CANADA

Ross, Nicola, 1957–
Healing the landscape : celebrating Sudbury's reclamation success =
Un paysage en renaissance : Sudbury, inspiration d'un succès écologique

Textes en anglais et en français.
ISBN 0-9688324-0-7

1. Réhabilitation des sols — Ontario — Sudbury. 2. Reverdissement — Ontario — Sudbury. 3. Environnement — dégradation — Ontario — Sudbury — Histoire. I. Grandmaison, Mike, 1954– . II. Johnston, Don, 1950– . III. Sudbury (Ont.). IV. Titre. V. Titre : Paysage en renaissance.

TD171.5.C32S92 2001 333.73'153'09713133 C2001-930183-9F

Design by Gillian Stead
Printed in Canada by Friesens Printers
French adaptation by Mots pour Maux
Edited by Mike Whitehouse

Conception par Gillian Stead
Imprimé au Canada par Friesens Printers
Adaptation française par Mots pour Maux
Révision par Mots pour Maux

Environmentally friendly, high quality ink was used in the production of the book.

On a utilisé de l'encre écologique de haute qualité pour l'impression de ce livre.

Jane Goodall's quote on pages 8-9 is taken from *Through a Window* from Orion Books Limited, London, UK p.204.

La citation de Jane Goodall, aux pages 8 et 9, est tirée de *Through a Window*, Orion Books Limited, London, Royaume-Uni, p. 204.

The views expressed in this book are those of VETAC and do not necessarily reflect those of the City of Greater Sudbury, the Government of Canada or others affiliated with the development of this book.

Effective January 1, 2001 the towns and cities of the Sudbury area and the Regional Municipality of Sudbury became the new City of Greater Sudbury.

Les opinions exprimées dans ce livre sont celles du COTMIV et ne reflètent pas forcément celles de la Ville du Grand Sudbury, du gouvernement du Canada ou d'autres organismes associés à la création de ce livre.

Le lundi 1er janvier 2001, les villes de la région de Sudbury et la Municipalité régionale de Sudbury sont devenues la nouvelle Ville du Grand Sudbury.

Government of Canada
Gouvernement du Canada

To our community
past, present, and future

À notre communauté
d'hier, d'aujourd'hui et de demain

"The regreening program has transformed the Sudbury area from a wasteland to a lush green city that I am proud to call my home."
ANDREW JORGENSEN, AGE 14, SUDBURY, ONTARIO, CANADA

"I think that as a Sudbury teenager you never really think about the fact that Sudbury once looked like the surface of the moon, free of trees, grass and basically all plant life."
COURTNEY KAMINSKI, AGE 14, SUDBURY, ONTARIO, CANADA

Je suis fière de vivre à Sudbury. Nous travaillons fort pour embellir la ville. Il y a beaucoup d'arbres verts qui poussent à Sudbury. Sudbury aujourd'hui est une belle ville parce que les oiseaux chantent, les arbres poussent et les fleurs sont de belles couleurs.
JOELLE LAVOIE, 10 ANS, SUDBURY, ONTARIO, CANADA

Je pense que le paysage est très beau. On y voit des arbres verts, de belles fleurs, et même quelques chutes. Les gros rochers bruns sont très jolis avec des arbres verts. Les parcs sont calmes et les lacs clairs. J'aime beaucoup ce paysage.
ÉRIC SÉGUIN, 11 ANS, NOËLVILLE, ONTARIO, CANADA

Table of Contents / Table des matières

FOREWORD

*"Sudbury was one of the earliest regions to feel the baneful brunt of unsustainable industrial practices.
It was also one of the first to recognize that, no matter how afflicted their environment was, it was not beyond repair."*

MAURICE STRONG, PRESIDENT, UNITED NATIONS UNIVERSITY FOR PEACE, TORONTO, ONTARIO, CANADA

At times the environmental devastation humankind has wrought on our planet seems overwhelming. But when individuals come together and bring their time, energy, money, quick minds, strong backs and collective will to a task they not only can move mountains, they can recreate a landscape. Sudbury is living, thriving proof.

The natural environment is a complex system — beautiful to behold and vital to our existence. Throughout history, humankind has upset the order of natural systems. The results of our negative impacts are evident world wide, affecting forests, lakes, oceans, air and wildlife.

Stories of environmental degradation litter the news. Sudbury, Ontario, Canada has been no exception. Early logging, forest fires and a century of mining activities resulted in a bleak landscape of black, scarred and barren rock, denuded forests and acidified lakes and streams. Over the past 30 years, many have worked together to bring about Sudbury's ecological rebirth. Today the hills and valleys are green, the meadows a painter's palette of colour, the air fresh and clean. Fish and wildlife are returning to live in our streams and forests. A sense of pride, environmental stewardship and community wellness now abounds.

Healing the Landscape captures the magnitude of Sudbury's transformation and the dedication and spirit of the community responsible for this change. Our main goal in sharing our story and producing this book is to leave the legacy: environmental restoration is possible and attainable and hopefully we will inspire other communities to heal their landscapes.

All photographs in *Healing the Landscape* were taken in the Sudbury region. The majority of photographs were taken during the year 2000 to celebrate our accomplishments and the new millennium. They illustrate Sudbury's landscape in transition and show the beauty of nature as it recovers. Proceeds from this book will be used to ensure Sudbury's environmental efforts continue.

The Sudbury story is a beacon of environmental hope. If our experience can teach the world anything it is that we are all responsible for our natural environment, we can learn from our mistakes and nature is forgiving. Each of us has a role to play and collectively we make a difference.

Kathy McDonald, STAFF SCIENTIST, SCIENCE NORTH and *Dan Napier,* STRATEGIC AND ENVIRONMENTAL COORDINATOR, CITY OF GREATER SUDBURY
CO-CHAIRS, *Healing the Landscape*

*"Humans have become the most ubiquitous species ever to exist here, with six billion of us occupying virtually every known ecological niche....
It's now up to us to keep ourselves in check - to make sure that we live in balance with the rest of the natural world."*

DR. DAVID SUZUKI, ENVIRONMENTALIST, VANCOUVER, BRITISH COLUMBIA, CANADA

*"And we must never forget that, insurmountable as the environmental problems facing the world may seem, if we all pull together we have a good chance of bringing about change. Every individual matters.
Every individual has a role to play."*

DR. JANE GOODALL, THE JANE GOODALL INSTITUTE CANADA, MONTREAL, QUEBEC, CANADA

AVANT-PROPOS

« La région de Sudbury a été l'une des premières à ressentir le poids funeste de pratiques industrielles insoutenables. Elle a été également l'une des pionnières à reconnaître que, peu importe le degré de détérioration de l'environnement, celui-ci peut toujours renaître. »

MAURICE STRONG, PRÉSIDENT, UNIVERSITÉ DES NATIONS UNIES POUR LA PAIX, TORONTO, ONTARIO, CANADA

On a parfois l'impression que la dévastation environnementale que l'homme a infligée à notre planète est irréversible. Mais quand les gens se serrent les coudes, quand ils consacrent collectivement temps, énergie et argent à un projet, quand ils réagissent rapidement et qu'ils y mettent un grand effort physique, ils peuvent soulever des montagnes et même recréer un paysage. Sudbury en est la preuve indéniable.

L'environnement est un système complexe, de toute beauté, essentiel à la vie humaine. Tout au long de l'histoire, l'humanité a bouleversé l'équilibre naturel. Les résultats négatifs nous le rappellent à l'échelle planétaire : forêts, lacs, océans, air et faune ravagés.

Des cas de dégradation environnementale sont monnaie courante. Sudbury, Ontario, au Canada n'y fait pas exception. L'exploitation forestière des débuts de son peuplement, les incendies de forêt et un siècle d'activité minière ont eu de sombres effets : un paysage noir, qui montre ses plaies, des roches stériles, des forêts dénudées, des lacs et des cours d'eau acides. Au cours des trente dernières années, de nombreuses personnes ont travaillé ensemble pour que Sudbury renaisse sur le plan écologique. Y regorgent aujourd'hui des sentiments de fierté et de mieux-être communautaire, une volonté d'assumer la gestion de l'environnement. Aujourd'hui, la verdure a repris ses droits sur les collines et dans les vallées; les prés sont un tableau de couleurs, l'air est plus propre, plus frais. Les cours d'eau et les forêts redeviennent l'habitat des poissons et de la faune.

Un paysage en renaissance capte en ses pages l'ampleur de la transformation environnementale qu'a connue Sudbury, mais aussi l'engagement extraordinaire et l'esprit de la communauté à la source de cette renaissance. Par ce livre, nous voulons raconter notre histoire. Nous souhaitons ainsi que d'autres communautés s'en inspirent pour faire renaître leur paysage.

Les photos dans ce livre ont toutes été prises dans la région de Sudbury. La plupart d'entre elles ont été prises en l'an 2000 pour souligner nos accomplissements et l'arrivée d'un nouveau millénaire. Chacune d'elles témoigne de la transition vécue par le paysage sudburois et étale la beauté de la nature en renaissance.

Le produit des ventes de ce livre permettra d'assurer la poursuite des efforts de remise en état de l'environnement à Sudbury. La réhabilitation environnementale est possible : ce livre en est le testament.

L'histoire de Sudbury est un phare environnemental. Si notre expérience doit enseigner quelque chose à chacun, c'est bien que nous sommes tous responsables de l'environnement naturel. Nous pouvons tirer une leçon de nos erreurs, et la nature nous les pardonnera. Tout un chacun peut jouer un rôle et ensemble, nous faisons la différence.

Kathy McDonald, SCIENTIFIQUE, SCIENCE NORD, et *Dan Napier*, COORDONNATEUR STRATÉGIQUE ET ENVIRONNEMENTAL, VILLE DU GRAND SUDBURY
COPRÉSIDENTS, *Un paysage en renaissance*

« Les humains sont l'espèce la plus répandue qui ait existé ici; six milliards d'entre nous occupons pratiquement chacun des microhabitats connus... C'est à nous qu'il incombe maintenant de freiner notre développement, de nous assurer que nous vivons en harmonie avec l'environnement. »

DAVID SUZUKI, ENVIRONNEMENTALISTE, VANCOUVER, COLOMBIE-BRITANNIQUE, CANADA

« N'oublions jamais que malgré les problèmes environnementaux de la planète qui semblent insurmontables, si nous nous retroussons collectivement les manches, les chances de transformer le paysage sont excellentes. L'effort de chacun compte et chaque individu a un rôle à jouer dans ce processus. »

JANE GOODALL, THE JANE GOODALL INSTITUTE, MONTRÉAL, QUÉBEC, CANADA

"The land reclamation story illustrates the transformation of our landscape and its importance to the wellness of our community."
« L'historique de la réhabilitation des sols illustre bien la transformation de notre paysage et son importance pour assurer le mieux-être de notre communauté. »
FRANK MAZZUCA, CHAIR – THE FORMER REGIONAL MUNICIPALITY OF SUDBURY / PRÉSIDENT DE L'ANCIENNE MUNICIPALITÉ RÉGIONALE DE SUDBURY, SUDBURY, ONTARIO, CANADA

Introduction

The Story of a Healing Landscape and the Community Behind the Success

After a century of profound environmental degradation — the likes of which have been suffered nowhere else in Canada and few places the world over — the citizens of Sudbury decided it was time to act. Now, three decades of hope and hard work later, Sudbury has emerged green and proud of it. As this account will explain, it's been a long, but intensely rewarding, journey from an industrial wasteland to a vibrant and spirited community.

As the industrial revolution caught hold, damage to Sudbury's landscape mounted. Humankind's growing appetite for natural resources soon exhausted the robust forests that once covered the area. During the mid-1800s, intense wildfires consumed the trees not already logged by an industry hungry for the region's majestic Red and White Pines. In the 1880s, prospectors discovered that Sudbury's sulphide rocks encased copper and the world's largest concentration of nickel. Until 1929, some mining companies ignited the metal-rich rock in open "roast yards" that drove off the sulphur, but cloaked the immediate area in dense clouds of acidic smoke. Any vegetation that lay in the path of these corrosive fumes shrivelled and died. Rather than improve air quality, the copper and nickel smelters that replaced the roast yards extended the devastation well beyond the vicinity of the company towns that housed the smelters: Coniston, Copper Cliff and Falconbridge. Most of the surviving trees in the vicinity perished; grasses, animals and birds disappeared; acid-laden lakes supported no aquatic life and

A typical barren landscape near Copper Cliff
Un paysage dénudé typique, près de Copper Cliff

Introduction

L'histoire d'un paysage en renaissance et de la communauté responsable de la réussite

Après un siècle de dégradation environnementale profonde, telle qu'elle ne s'est produite nulle part ailleurs au Canada et dans très peu d'endroits sur la planète, les citoyens de Sudbury ont décidé qu'il était temps de se prendre en main. Au bout de trois décennies d'espoir et de dur travail, la région de Sudbury renaît de ses cendres. Comme vous lirez dans les pages suivantes, la transformation de cette zone de ravages industriels en une communauté vibrante et animée, quoique longue, a certainement valu la peine.

Après l'arrivée de la révolution industrielle, la détérioration du paysage sudburois s'est aggravée. L'appétit insatiable de l'humanité à l'égard des ressources naturelles n'a pas tardé à déraciner les forêts robustes qui recouvraient jadis la région. Au milieu du XIXe siècle, des incendies de forêt ont ravagé les arbres qui n'avaient pas encore été exploités par une industrie avide des majestueux pins rouges et blancs de la région. Au cours des années 1880, des prospecteurs ont découvert que le roc sulfuré de Sudbury contenait du cuivre, ainsi que la teneur en nickel la plus élevée du monde. Jusqu'en 1929, des compagnies minières enflammaient le roc riche en métaux dans des chantiers de grillage à ciel ouvert où se répandait le soufre; la région immédiate se couvrait d'épais nuages de fumée acide. Toute végétation se trouvant dans le rayon de ces vapeurs corrosives disparaissait. Les raffineries de cuivre et de nickel qui ont suivi ont élargi la zone de dévastation bien au-delà des villages miniers de Coniston, de Copper Cliff et de Falconbridge où se trouvaient les raffineries. La flore et la faune de la région ont disparu.

From a devastated landscape to an ecological rebirth / *D'un paysage dévasté à une renaissance écologique*

Sudbury's rocks, further exposed as relentless winds and unimpeded rain carried away the unprotected topsoil, turned their characteristic black. By the 1970s, more than 19,500 hectares of land around Sudbury were completely devoid of vegetation and another 64,300 hectares (in total, an area almost as large as New York City) supported little more than an occasional stunted birch tree and lonely tufts of hardy grass. Sudbury had been dubbed a moonscape, its blackened scar visible from outer space.

But from the depths of that dark period, Sudburians found the will to act. The discovery that a few soil amendments, some hard work and a little coaxing could re-establish plant life on the bleak barren lands coincided with construction of what was, at the time, the world's tallest smokestack. It drastically reduced local fumigations. Plans to regreen Sudbury were born, and the community — rich and poor, young and old — took up the challenge.

Scouts, summer students, unemployed miners, school kids, local businesses and other community members have planted more than

Aucune forme de vie ne pouvait subsister dans les lacs acides; quant aux rochers de Sudbury, le noir est devenu leur couleur caractéristique alors que, sans relâche, des vents et des pluies abondantes ont emporté la couche arable du sol. Dans les années 1970, plus de 19 500 hectares des sols de la région sudburoise étaient complètement dénudés tandis que sur 64 300 hectares (une superficie presque aussi grande que celle de la ville de New York), on ne trouvait ça et là que quelques bouleaux et rares pousses d'herbe. Sudbury, paysage lunaire : une cicatrice noire, même visible de l'espace.

C'est pourtant à partir de cette période noire que Sudbury renaîtra de ses cendres. En modifiant les propriétés du sol, grâce à un travail acharné et à un coup de pouce, on a pu reverdir, au moment même où on construisait la plus grande cheminée du monde, réduisant ainsi de manière importante la présence de fumée dans la région. Le processus de reverdissement se met alors en marche et la communauté — riches et pauvres, jeunes et vieux — relève le défi.

Winter's magic.
Frosted spruce trees in a recovering forest

La magie de l'hiver.
Des épinettes givrées dans une forêt en renaissance

In the heart of the city lies Ramsey Lake

Au cœur de la ville : le lac Ramsey

Situated in Ontario, Sudbury lies 400 kilometres north of Toronto. Clear lakes, rocky outcrops and forested valleys dominate the region. Perched on the southern portion of Canada's Precambrian Shield, Sudbury lies in a vegetative transition zone between the eastern deciduous forests of the Great Lakes-St. Lawrence Forest Region and the coniferous stands of the Boreal Forest Region. Today, its more than 162,000 residents hike, swim, fish and canoe during the hot, dry summers. In winter, Sudburians hasten outdoors to ski, snowshoe and snowmobile.

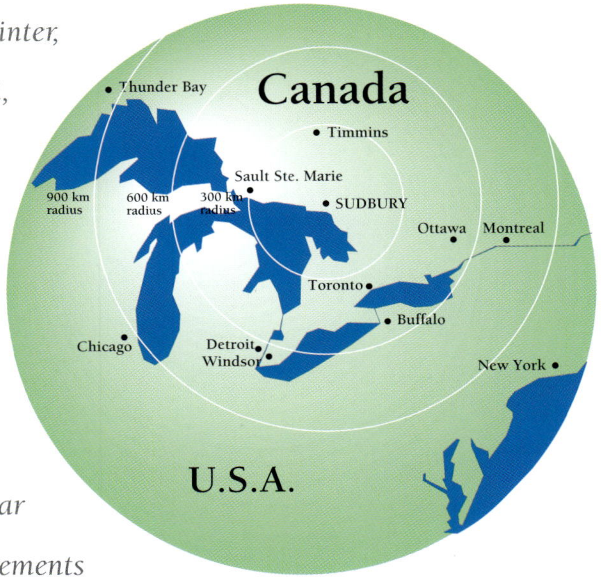

Sudbury se trouve à 400 kilomètres au nord de Toronto, en Ontario, à l'extrémité sud du bouclier précambrien canadien. Le paysage de la région est dominé par des lacs transparents, des affleurements rocheux et des vallées arborées. En ce qui concerne la végétation, la région de Sudbury se situe dans une zone de transition, entre les forêts de feuillus de l'est, dans la région forestière des Grands Lacs et du Saint-Laurent, et les peuplements de conifères dans la région forestière boréale. Aujourd'hui, ses résidents, dont le nombre s'élève à plus de 162 000, y font des randonnées pédestres, de la natation, de la pêche et du canotage lors des étés chauds et secs. L'hiver, les Sudburois s'empressent de sortir pour faire du ski, de la raquette et de la motoneige.

Junction Creek, an urban waterway abounds with trails and wildlife
La crique Junction, un cours d'eau urbain autour duquel abondent sentiers et faune

Early revegetation and restoration of Daisy Lake

Les débuts de la revégétation et de la réhabilitation du lac Daisy

11 million trees since those grim days in the 1970s. And over six million of them were put in the ground thanks to the Regional Municipality of Sudbury's Land Reclamation Program. Over 50 per cent of the barren and semi-barren lands targeted by the Region for regreening have recuperated. Grass and birds, trees, wildflowers and butterflies now abound throughout much of the damaged area. The rich earthy smell of the soil is evidence that essential micro-organisms have reappeared. Tree stumps, mummified for decades on lifeless rocks, decay in the moist soil, returning much needed organic matter to the earth. Sudburians, especially the leagues of volunteers and summer students involved in tree or grass planting, take pride in their landscape. Although it is a fragile ecosystem, particularly vulnerable to severe weather, insects and disease, Sudbury is turning green once again.

And as the landscape heals, respect and vitality are returning to the community. Today, a "we can do it" attitude permeates all aspects of life in Sudbury. It stems from the confidence gained by looking within for solutions, and finding them.

This book celebrates Sudbury's reclamation story: an extraordinary account of environmental success and the community that achieved it.

Depuis les années 1970, scouts, étudiants occupant un emploi d'été, mineurs au chômage, écoliers et autres membres de la communauté et de l'industrie locale ont planté plus de onze millions d'arbres. À lui seul, le programme de revégétation des sols de la Municipalité régionale de Sudbury a permis de planter plus de six millions d'arbres. Plus de la moitié des terres stériles et à demi stériles ont ainsi été reverdies. Aujourd'hui y abondent l'herbe, les oiseaux, les arbres, la flore sauvage et les papillons. L'odeur riche et terreuse des sols fait foi du retour de micro-organismes essentiels à la végétation. Les souches d'arbres longtemps figées sur des rochers sans vie, la dégradation de la plupart des sols humides, source de matières organiques pour la terre, tout ça n'existe plus. Les Sudburois, particulièrement les cohortes de bénévoles et d'étudiants occupant un emploi d'été associé au reverdissement, en sont fiers. Si l'écosystème est fragile et particulièrement vulnérable au mauvais temps, à l'impact des insectes et des maladies, en revanche, Sudbury reverdit.

La renaissance du paysage s'accompagne d'un nouveau respect et d'une vitalité renaissante. Aujourd'hui, à Sudbury, dans toutes les couches sociales, on est fonceur. Cette confiance, on la doit au processus de recherche de solutions par lequel il a fallu passer.

Ce livre se veut un témoignage sur l'historique de la renaissance du paysage à Sudbury. Extraordinaire, cette réussite environnementale le fut bien et l'est toujours. En voici le portrait, et celui de la communauté qui a réussi ce tour de force.

An explosion of spring growth on a pine bough / *Une branche de pin : la vie éclate au printemps*

Birch and poplar trees were among the first species to reappear as the environment healed
Le bouleau et le peuplier ont été deux des premières espèces d'arbres à réapparaître dans le paysage en renaissance

Survivors of the industrial era — acid and metal tolerant grass
Une survivante de l'ère industrielle : de l'herbe tolérante à l'acide et aux métaux

Thriving in Sudbury's barren environment, this Jack Pine seedling symbolizes the community's will and spirit

En croissance dans l'environnement dénudé de Sudbury : le semis de ce pin gris symbolise la volonté et l'engagement de la communauté à l'égard de la réussite

Deciduous trees in transition / Une forêt d'arbres à feuilles caduques en transition

Diversity returns / La flore variée réapparaît

Winter blankets a birch woodland / L'hiver recouvre de son manteau une zone boisée de bouleaux

So dominant were the trees that the Jesuits called their parish Ste. Anne of the Pines (now Sudbury). Logging was the first major industry in the area (after 1894). / Les arbres étaient si dominants que les Jésuites ont nommé la paroisse Sainte-Anne-des-Pins (maintenant Sudbury). L'exploitation forestière a été la première industrie d'importance dans la région (vers 1894).

"Perhaps the biggest single contribution the Sudbury program has provided is to demonstrate how mobilizing a community's collective efforts, on what must have seemed an impossible task, can produce miracles." / « L'apport le plus important du programme sudburois a peut-être été de démontrer de quelle manière on peut mobiliser toute une collectivité pour s'attaquer à une tâche qui semblait impossible et ainsi réaliser des miracles. »

C. H. GEALE, PRESIDENT, TREE CANADA FOUNDATION / C .H. GEALE, PRÉSIDENT, LA FONDATION CANADIENNE DE L'ARBRE, OTTAWA, ONTARIO, CANADA

How the Devastation Happened

Caused by an event so violent that it formed a massive crater some 200 kilometres in diameter, the Sudbury Basin is a spoon-shaped depression. It marks the spot where a 10 to 15 kilometre-wide meteorite crashed to Earth about two billion years ago, blanketing the entire area in broken rock over a kilometre thick. So extreme was the collision that it created shatter cones. These funnel-shaped fractured rocks denote an extraordinarily intense explosion. Their presence attracts geologists from around the world to Sudbury.

During the event, magma or molten igneous rock from deep within the Earth, rose into the crater and mixed with melted surface rock. As the mixture cooled, copper, nickel and precious metals concentrated on the crater floor. Nearly two billion years of erosion have exposed the rich ore and frozen magma as the hilly rim of today's Basin.

But for many years it wasn't buried minerals that drew attention to this part of Ontario, it was the resource that sat above them that attracted pioneers. As the Wisconsin glacier melted and eventually disappeared from the area some 10,000 years ago, forests evolved. By 1824, when the Hudson's Bay Company established a fur-trading post in the region, upland forests of huge Red and White Pine, mixed with Sugar Maple and Yellow Birch, covered the land. Swampy lowlands were home to White Cedar.

Lakes also dotted the landscape. Some 20,000 of them lie within 100 kilometres of Sudbury. Mostly the result of glacial scouring and faults in the bedrock, these lakes teemed with trout and other species, and provided habitat for beavers, muskrats and waterfowl. Woodland caribou, moose, black bears and red foxes lived in the forests, many of them becoming the target of trappers.

So dominant were the trees that the Jesuits called their parish Ste. Anne of the Pines. This valuable resource soon caught the attention of forestry companies. They floated large Red and White Pine logs down

Comment la dévastation s'est produite

Le bassin de Sudbury, un cratère en forme de cuillère d'un diamètre d'environ 200 kilomètres, a été façonné par un choc extrêmement violent. Là s'est écrasé un météorite d'un diamètre de dix à quinze kilomètres il y a deux milliards d'années. Une couche de roches brisées de plus d'un kilomètre d'épaisseur a alors recouvert la région. La violence de l'explosion a même causé des fractures coniques (qu'on appelle également cônes d'éclatement) en forme d'entonnoir, que viennent étudier des géologues du monde entier.

Lors de l'impact, du magma, c'est-à-dire de la roche ignée fondue des profondeurs de la Terre, est monté à la surface et est entré dans le cratère pour ensuite se mélanger à de la roche fondue à la surface. À mesure que la roche refroidissait, du cuivre, du nickel et d'autres métaux précieux se sont concentrés au fond du cratère. Il y a plus de 1,85 milliard d'années, l'érosion a exposé peu à peu le minerai riche et le magma solidifié qui forment aujourd'hui la bordure montagneuse du bassin.

Durant des années, ce ne sont pas les minéraux enfouis qui ont attiré l'attention dans la région de Sudbury mais plutôt les richesses en surface. Il y a environ 10 000 ans, le glacier du Wisconsin fondait et les forêts commençaient à s'épanouir. Dès 1824, année où la Compagnie de la Baie d'Hudson établissait un poste de traite des fourrures, des forêts en hautes terres, peuplées d'énormes pins rouges et blancs, d'érables à sucre et de bouleaux jaunes, recouvraient le territoire. Des cèdres blancs poussaient dans les basses terres marécageuses.

La région était également parsemée de lacs. De fait, on en trouvait quelque 20 000 dans un rayon de 100 kilomètres de Sudbury. Ils ont surtout été formés par l'affouillement glaciaire et les failles dans le socle rocheux. Les lacs grouillaient de truites et d'autres espèces et servaient d'habitat à des castors, à des rats musqués et à de la sauvagine. Dans les forêts, on rencontrait caribous, orignaux, ours noirs et renards roux; bon nombre sont devenus la prise des trappeurs.

By the mid-1880s the combined forces of logging, forest fires and erosion had ravaged the landscape. Early ore train (1890)

Au milieu des années 1880, l'exploitation forestière, les incendies de forêt et l'érosion ont déjà ravagé le paysage.
L'un des premiers trains transportant du minerai (1890)

river to Georgian Bay and Lake Huron and then transferred them to sawmills in the United States. Sudbury's forests swarmed with some 11,000 loggers during the late 1800s. After the supply of huge pines had been exhausted, oak, maple, Black and White Spruce, Balsam Fir and Jack Pines fell to the lumbermen's axes, making way for successional birch and poplar.

The routing of the railway through Sudbury also steered development. Arriving in 1884, the iron horse brought more loggers to the forest. Few trees were left in their wake. The debris that remained turned tinder dry and was vulnerable to sparks from passing steam trains. Fires were common. Soil, unprotected by vegetation, washed away and frost uprooted the few tree seedlings that managed to catch hold. By the mid-1880s, before the first copper smelters had been built, the combined forces of logging, forest fires and erosion had already ravaged the landscape.

The railway also transported prospectors to Sudbury. Legends about the earliest discoveries of copper and nickel abound, but it took some time for mining to gain a secure foothold. It wasn't until a market for nickel developed in the 1890s that things really took off. With the discovery that nickel-steel was ideal for making armour, nickel — the devil's metal — became indispensable to the military.

When mining companies constructed the first roast yards, another devastating blow rocked the local environment. Heat drove away the sulphides that contaminated the ore, so trainloads of crushed rocks were dumped over beds of dry wood. Trees left behind by loggers and seared by forest fires made the ideal fuel. Once lit, the roast yards smouldered for up to two months. During the burn, thick clouds of acrid smoke drifted downwind. Their high concentrations of sulphur dioxide killed vegetation and acidified soils and lakes in the

Lumbermen cutting a virgin pine forest (1910) / Bûcherons au travail dans une pinède vierge (1910)

Les arbres étaient si dominants que les Jésuites nommèrent leur paroisse Sainte-Anne-des-Pins. La première industrie principale à s'établir dans la région a été celle de la foresterie. Les compagnies forestières n'ont pas tardé à s'intéresser à ces arbres majestueux. Les grands pins rouges et blancs ont voyagé en amont de la rivière vers la baie Georgienne et le lac Huron, puis les billes ont été acheminées à des moulins à scie aux États-Unis. À la fin du XIXe siècle, 11 000 bûcherons travaillaient dans les forêts de Sudbury. La réserve de grands pins épuisée, on se tournera vers le chêne, l'érable, l'épinette blanche et l'épinette noire, le sapin baumier et le pin gris, ce qui permettra au bouleau et au peuplier de s'implanter.

Sudbury doit également son développement au passage du chemin de fer dans la région. Dès 1884, grâce à l'engin d'acier qu'est le train, davantage de bûcherons prennent d'assaut la forêt, qui en est dévastée. Les débris qui jonchent la forêt sont si secs qu'ils se transforment fréquemment en sources d'incendie qu'allumeront les trains à vapeur au passage. Les sols, dénudés de toute végétation, sont érodés et le gel déracine les rares semis qui restent. Au milieu des années 1880, avant même la construction des premières fonderies de cuivre, l'exploitation forestière, les incendies de forêt et l'érosion ont déjà ravagé le paysage.

Le chemin de fer apporte également les prospecteurs à Sudbury. Il existe de nombreuses légendes sur la découverte du cuivre et du nickel, mais l'activité minière ne s'établira solidement dans la région qu'après un certain temps. En fait, elle ne prendra véritablement son essor qu'avec l'ouverture d'un marché pour le nickel dans les années 1890. On découvre alors que l'acier au nickel constitue un alliage idéal pour fabriquer des blindés. Ce métal brillant devient par conséquent indispensable dans le domaine militaire.

Worker on the O'Donnell roast yard (1916)
Un travailleur dans le chantier de grillage O'Donnell (1916)

Cattails are used by mining companies as natural filters of pollutants / Les compagnies minières se servent des quenouilles, qui agissent comme guérisseur naturel en absorbant les polluants

"The streams are small and sluggish, impeded by beaver dams and the water rendered impure by decayed vegetation. The timber has almost been entirely destroyed by forest fires and the charred trunks still standing, tottering or thrown to the ground, impart a dismal aspect to the scenery and together with the thick underbrush which prevail renders passage beyond the beaten trails very difficult. There appears to be very little land suitable for cultivation. The thin layer of earth covering the hills has, likewise in places, suffered from fires, permitting it to be readily washed away and exposing the bare rock underneath."

Taken from a Geological Survey, November 1886, this grim description of Sudbury indicates that environmental damage predates the arrival of miners.

« Les cours d'eau sont petits et des digues de castors les entravent; de l'eau rendue impure par la végétation en détérioration y coule lentement. Les incendies de forêt ont détruit presque l'ensemble du bois et des troncs calcinés qui restent, debout, chancelants ou tombés au sol, donnant un aspect lugubre à la scène. Ces troncs et l'épaisse végétation du sous-bois bloquent pratiquement l'accès aux forêts hors des sentiers battus. Les terres propices à l'agriculture semblent bien rares. Les incendies ont également eu un impact sur la mince couche de terre qui recouvre les collines; elle est donc facilement emportée, exposant ainsi le roc sous-jacent. »

Cette description sinistre tirée d'une étude géologique de novembre 1886 montre que les dommages environnementaux ont débuté avant l'arrivée des mineurs.

Warm glow of an autumn sunrise

Une lueur radieuse au lever du soleil d'automne

vicinity. Some residents remember having to string a rope between house and outhouse to help them negotiate the route during a particularly heavy "fumigation". By 1929, when the O'Donnell roast yard — the last and largest of 11 sites in the area — shut down, mining companies had consumed some 3.3 million cubic metres of wood.

But the environment would have still more to endure. After closing the roast yards, the mining companies concentrated copper and nickel in smelters. Huge quantities of sulphur dioxide gas emerged from smokestacks. One old-timer who grew up on a 60-hectare mixed farm near the city recalls the gas used to come at least once a week. "You'd cough away and then if the smoke got heavy you could hardly breathe." He remembers his father's regular trips into town to collect "smoke money" paid by the mining companies to compensate farmers for damage done to their crops.

Emissions from Sudbury's smelters could be seen 120 kilometres away and the sulphur dioxide smell extended for half that distance. Unlike the smoke from the roast yards, emissions generated by high-temperature smelting contained copper, nickel, iron and other metal particles.

Scientists eventually learned that while sulphur dioxide acidified soils, heavy metal contamination also contributed to the long-term environmental devastation. But in 1944, when provincial government

Par ailleurs, la construction des premiers chantiers de grillage par les compagnies minières aura un impact dévastateur sur l'environnement. Puisque la chaleur permet l'élimination des sulfures qui contaminent le minerai, des wagons de roches concassées sont déchargés sur des lits de bois desséché. Laissés au passage des bûcherons, les arbres dont l'écorce est calcinée par des incendies de forêt sont un matériau idéal. Les chantiers de grillage brûlent ainsi parfois pendant jusqu'à deux mois. D'épais nuages d'une fumée âcre se déplacent avec le vent. Leur forte concentration en bioxyde de soufre anéantit la végétation et acidifie les sols et les lacs à proximité. Certaines personnes se souviennent d'avoir recouru à des câbles pour les guider entre la maison et les toilettes extérieures au plus fort de ces moments où la fumée rendait la visibilité nulle. En 1929, année où le chantier de grillage O'Donnell — le plus grand et le dernier des onze sites dans la région — cessera ses activités, les compagnies minières auront brûlé quelque 3,3 millions de mètres cubes de bois.

Mais la fermeture des chantiers de grillage ne marque pas la fin des déboires environnementaux. Au contraire! Les compagnies minières concentreront ensuite le cuivre et le nickel dans des fonderies. D'énormes quantités de bioxyde de soufre s'échappent des cheminées industrielles. Un pionnier ayant grandi dans une ferme d'agriculture mixte de 60 hectares, à proximité de la ville, raconte que ce gaz parvenait à sa propriété au moins une fois par semaine. « On toussait et si la fumée était trop épaisse, on pouvait à peine respirer. » Il se souvient des voyages fréquents de son père à la ville pour recueillir l'argent que les compagnies minières déboursaient en guise d'indemnisation aux agriculteurs dont les récoltes avaient été endommagées. On pouvait voir les émissions des fonderies à 120 kilomètres de Sudbury et sentir le soufre à 60 kilomètres de là. Contrairement à la fumée s'échappant des chantiers de grillage, les émissions provenant de la fusion des métaux à haute température contenaient du cuivre, du nickel, du fer et d'autres métaux lourds.

and mining industry representatives first met to discuss their concerns about emissions, they focused on "sulphur smoke". It wasn't until the 1960s that scientists and the provincial government correlated the more persistent barren lands with the presence of heavy metals. The scientists recognized that Sudbury's damaged landscape resulted from a combination of factors that had been acting together for almost a century. Sulphur dioxide fumigations, metal deposition, intense logging, wild fires, soil erosion and enhanced frost action had taken their toll on over 84,000 hectares of land.

Les scientifiques apprendront plus tard que, bien que le bioxyde de soufre acidifie les sols, la contamination par les métaux lourds aura également contribué, à long terme, à la dévastation environnementale. En 1944, des représentants de l'industrie minière et du gouvernement provincial se réunissent pour la première fois afin de discuter des préoccupations entourant les émissions. Cependant, ils ne mettent l'accent que sur la « fumée sulfureuse ». Il faudra attendre les années 1960 pour que les scientifiques et le gouvernement provincial établissent un lien entre les terres stériles en quasi-permanence et les métaux lourds. Les scientifiques reconnaîtront alors que la dévastation du paysage sudburois est le fruit d'une série de facteurs se conjuguant depuis près d'un siècle. Les nuages de fumée de bioxyde de soufre, les dépôts métalliques, l'exploitation forestière intensive, les incendies de forêt, l'érosion du sol et l'action accrue du gel ont un impact sur plus de 84 000 hectares de terres.

Leaf locked in winter's grip

Une feuille prisonnière de l'hiver

Aerial view of an active tailings pond / *Vue aérienne d'un étang de résidus miniers*

Willows at Kelly Lake bird sanctuary / Des saules dans la réserve ornithologique du lac Kelly

Sudbury's strength / *La force de Sudbury : bâtie sur le roc*

"I used to look at the black rocks around Sudbury and wonder what the great pine forests used to look like. Today, I marvel at the young growing conifers, poplars and birches." / *« Autrefois, je regardais les roches noires à Sudbury en me demandant à quoi ressemblaient les grandes forêts de pins. Maintenant, je m'émerveille devant les jeunes conifères, peupliers et bouleaux qui se développent. »*

FRANCO MARIOTTI, STAFF SCIENTIST / SCIENTIFIQUE, SCIENCE NORTH / SCIENCE NORD, SUDBURY, ONTARIO, CANADA

THE BOTTOM OF THE BARREL

No one recorded when Sudbury was first described as a moonscape, but to the dismay of residents the term caught on quickly. After Apollo 16 astronauts Charles Duke and John Young made a special trip to the region in 1971, the image was complete. The visit by the astronauts, who came to study the area's unique rocks prior to their mission to the moon, attracted the national media's attention. It would prove difficult to erase the damage to Sudbury's reputation caused by their lunar jokes.

Most residents knew that a blackened landscape largely devoid of vegetation wasn't beautiful, but for them it was home. They took exception to the media's unflattering descriptions. Besides, they had learned to live within its limitations. In Little Italy, a compact community of winding streets that backs right up to the industrial complex and smelter owned by Inco Limited, ardent vegetable gardeners coped by dashing out and covering their precious crops with burlap sacking each time the gas descended. Though the mining companies supplied residents with soil, crushed limestone and fertilizer at cost, gardening was tricky business and vegetable-loving kids, with a hankering for a crisp carrot or turnip, were known to raid the gardens that did produce. But generally, there was little grass; there were few trees or flower gardens in Little Italy or other neighbourhoods throughout the Sudbury area. The bleak landscape was the trade-off for the lucrative jobs offered by the mining companies.

Though residents lived with the fumigations, dust from the growing mountains of mine waste, called tailings, chagrined some homeowners. It also affected industrial operations by contaminating both lubricated surfaces and refined metals. High winds, unimpeded on the treeless hills of mine tailings, picked up fine particles of crushed waste rock. During the worst period, residents living downwind kept storm windows on their homes year round. But an extra layer of glass was scant protection,

LA GRANDE NOIRCEUR

Personne ne sait quand Sudbury a d'abord été associé au paysage lunaire, mais à la consternation des résidents de la région, la comparaison s'est vite imposée. En 1971, après la visite de Charles Duke et de John Young, les astronautes d'Apollo 16, le stéréotype se concrétise. Les médias nationaux s'intéressent à leur visite portant sur l'étude des roches uniques de la région, avant leur mission lunaire. Il sera bien difficile d'effacer l'image qui collera ensuite au nom Sudbury en raison des blagues au sujet de la lune.

Pour la plupart des résidents, ce paysage noirci presque dénudé de végétation n'avait rien de beau, mais c'était tout de même leur chez-soi. Ils s'offusquent donc de la couverture médiatique négative de l'événement. N'ont-ils pas également appris à vivre avec les limites de leur milieu naturel? Dans le quartier de la Petite Italie, une communauté compacte que traversent des rues circulaires, tout juste devant le complexe industriel et la fonderie d'Inco Limitée, des jardiniers fervents se précipitent dans leur potager pour couvrir leurs plantes de sacs en toile lorsque le gaz descend sur le quartier. Les compagnies minières ont beau fournir le terreau, le calcaire broyé et l'engrais au coût de revient, le jardinage n'est pas simple; les enfants qui désirent manger une carotte ou un navet frais en sont réduits à en piquer dans les jardins productifs. En général, cependant, on trouve bien peu d'arbres et de jardins de fleurs dans la Petite Italie, comme dans la plupart des quartiers de la région sudburoise. Un paysage terne, voilà le prix à payer pour les emplois lucratifs au sein des compagnies minières.

Si les résidents composent avec les nuages de fumée, la poussière provenant des amonts de plus en plus grands de résidus miniers est, pour certains d'entre eux, une source de contrariété. Ce problème a aussi un effet sur l'exploitation industrielle puisque les surfaces lubrifiées et les métaux raffinés sont contaminés. Des vents violents soufflent librement sur les collines de résidus sans arbres et balaient au passage les fines so both Inco and Falconbridge Limited — the main industrial players in Sudbury by the 1960s — began establishing a vegetative cover over their tailings to keep the dust down.

Despite the mining companies' efforts, by the late 1960s, thousands of hectares of land around Sudbury supported no vegetation and tens of thousands of hectares boasted little more than the occasional stunted birch tree and a few pockets of metal and acid resistant tufted hair grass. Some 7,000 local lakes were acidified, many of them completely devoid of fish or other aquatic animals. Sudbury's industrial facilities emitted more than half of Ontario's emissions of sulphur dioxide and 20 per cent of the Canadian total.

Environmental awareness swept the country during the decade of flower power and peace — the 1960s — and demand for action mounted. In 1967, the Ontario government passed the Air Pollution Act. Increasingly stringent annual emission limits were phased in for the facilities operated by both Inco and Falconbridge. The mining companies improved their processes, but problems persisted. In 1970, the sulphur dioxide emission limit set by the government was exceeded 231 times and Sudbury's air quality index sometimes tripled the provincial standard. Eventually, the government clamped down. The response was impressive. Inco built its 381-metre smokestack — the world's tallest at the time. Completed in 1972, it was dubbed the "superstack". That same year, Inco closed its smelter in nearby Coniston and Falconbridge shut down its iron ore sintering plant. The combination of reduced emissions (due to government regulations), increased atmospheric dispersion (due to the taller stack) and plant closures reduced by a whopping two-thirds the amount of pollution falling on Sudbury. Never again would residents

Barren lands near Coniston await regreening
Des terrains dénudés à reverdir près de Coniston

particules de roches concassées. Dans les pires moments, les résidents qui vivent dans le sens du vent doivent recourir aux contre-fenêtres durant toute l'année. Une fenêtre additionnelle protège pourtant bien peu les gens; c'est pourquoi dans les années 1960, les meneurs de l'industrie minière à Sudbury, Inco et Falconbridge, commencent à couvrir les résidus de végétation pour éviter que la poussière ne s'élève.

Malgré les efforts déployés par les compagnies minières, à la fin des années 1960, des milliers d'hectares de terre sont stériles et des dizaines de milliers d'autres ne comptent que des bouleaux rachitiques et, ça et là, du foin élevé résistant aux métaux et aux acides. Quelque 7 000 lacs s'acidifient, et dans la plupart d'entre eux ne subsistent ni poissons ni animaux aquatiques. Les installations industrielles de Sudbury sont alors responsables de plus de la moitié des émissions de bioxyde de soufre en Ontario et de 20 pour cent des émissions à l'échelle canadienne.

Les années 1960 : l'époque des hippies, du « flower power » et de l'idéal de la paix, tandis qu'une prise de conscience à l'égard de l'environnement souffle sur le pays, et les gens demandent que des gestes concrets soient posés. En 1967, la législature adopte la *Loi sur le contrôle de la pollution de l'air*. Les installations d'Inco et de Falconbridge seront graduellement soumises à des limites annuelles d'émissions de plus en plus strictes. Les compagnies minières améliorent leurs processus, mais les problèmes persistent. En 1970, les limites établies par le gouvernement en matière d'émissions de bioxyde de soufre sont dépassées 231 fois; quant à l'indice de la qualité de l'air sudburois, il est parfois trois fois supérieur aux normes provinciales. On ne peut plus ignorer les effets négatifs de la fusion. Par conséquent, le gouvernement provincial serre la vis. La réponse est surprenante. Inco s'y conforme en construisant une cheminée de 381 mètres, la plus élevée du monde à

Hanging on... Meadow grasses provide habitat for spiders / Le temps suspendu... Le pâturin des prés est l'habitat d'araignées

have to endure what they did in 1970. Sudbury seemed to be on a path to ecological recovery.

But during the early 1970s, while Sudbury basked in an atmosphere that was now cleaner than Toronto's, the world learned about the contribution of gaseous emissions to a trans-border phenomenon called "acid rain". At a major United Nations environment conference held in Stockholm in 1972, the Swedes proposed that air pollution was a regional rather than a local problem. Emissions from Great Britain, they contended, were poisoning lakes in Sweden.

This evidence suggested that despite the best of intentions and a sizeable financial investment, construction of Inco's superstack couldn't have been more ill-conceived or poorly timed. Even though it improved local air quality by reducing particulate emissions and dispersing sulphur dioxide over a larger region, sulphur compounds found over 1,000 kilometres away were attributed to emissions from Sudbury's smelters. Though there were many other large polluters in the world, including Noril'sk in Russia, Ducktown in Tennessee and Queenstown in Tasmania, Inco had the dubious honour of being the largest single source of emissions causing acid rain in all of North America. Soon the region gained international infamy. Environmental activists in Europe wearing T-shirts emblazoned with "No Sudbury" symbols lit up the evening news and the level of pollution in other cities was measured as a 0.3 or a 0.5 "Sudbury". Though it seemed Sudbury could fall no further, there were more challenges to come.

l'époque, qu'on surnommera le « superstack » (la supercheminée). La construction se termine en 1972. La même année, Inco ferme sa fonderie de Coniston et Falconbridge en fait autant pour ce qui est de son usine d'agglomération de minerai de fer. En raison de la réduction des émissions (grâce à la réglementation du gouvernement), de la plus grande dispersion de celles-ci dans l'atmosphère (grâce à la nouvelle cheminée) et des fermetures, la pollution à Sudbury diminue de deux tiers comparativement à son niveau précédent. Les mauvais souvenirs de 1970 sont chose du passé. Sudbury semble avoir emprunté la voie de la renaissance écologique.

Au début des années 1970, l'atmosphère sudburois est plus propre qu'à Toronto; cependant, le monde découvre l'impact des émissions gazeuses menant au phénomène transfrontalier des « pluies acides ». Lors d'une importante conférence des Nations Unies tenue à Stockholm en 1972, les Suédois proposent que l'on traite la pollution atmosphérique comme un problème régional et non local. Selon eux, les émissions provenant de la Grande-Bretagne empoisonnent les lacs de la Suède.

On se rend compte que malgré toutes les bonnes intentions et d'importants investissements financiers, la cheminée d'Inco a été mal conçue et construite à un moment inopportun. Si la qualité de l'air dans la région s'est améliorée puisqu'on a réduit les émissions de particules et dispersé le bioxyde de soufre sur un plus grand territoire, en revanche, le soufre découvert à 1 000 kilomètres de Sudbury provient justement des fonderies de cette ville. Même s'il existe bien d'autres grands pollueurs, notamment Noril'sk en Russie, Ducktown au Tennessee et Queenstown en Tasmanie, Inco est la plus importante source nord-américaine d'émissions causant les pluies acides. Sudbury s'attirera vite les foudres de la communauté internationale. En Europe, aux bulletins de nouvelles du soir, les environnementalistes portent des t-shirts sur lesquels on voit des symboles portant la mention « No Sudbury » (pas de Sudbury). Le niveau de pollution dans d'autres villes est mesuré selon un indice de 0,3 ou de 0,5 « Sudbury ». Tout allait de mal en pis pour Sudbury; pourtant, d'autres défis allaient survenir.

A new pine forest flourishes along side a relic of the old / Une nouvelle pinède surgit tout près d'une relique de l'ancienne

Survival — a vigorous Red Maple sapling takes root in the cracks of a rock outcrop
Une question de survie — un vigoureux jeune érable rouge prend racine dans les fissures d'un affleurement rocheux

Ribbons of green poplar bring colour to the stark black rock / Des rangées de peupliers verts colorent la roche noire et dénudée

"Prior to the 1980s, the Sudbury area was a bleak landscape and the local economy wrought by high unemployment. Our partnership has provided employment opportunities and assisted in the restoration of our landscape." / *« Avant les années 1980, la région de Sudbury affichait un paysage morne et une économie locale durement frappée par un taux de chômage élevé. Notre partenariat a créé des possibilités d'emploi tout en contribuant à la réhabilitation du paysage. »*

MARIA BOZZO, HUMAN RESOURCES DEVELOPMENT CANADA (HRDC) / DÉVELOPPEMENT DES RESSOURCES HUMAINES CANADA (DRHC), SUDBURY, ONTARIO, CANADA

Creating the Momentum

Annual sulphur dioxide emissions from Sudbury's nickel companies had peaked at about 2.5 million tonnes when Laurentian University opened its doors in 1960. Though much of the expertise needed to tackle the daunting task of reclaiming the landscape existed within the university's confines, academics did not become involved until the latter part of the decade. One professor remembers his department head, in the mid-1960s, discouraging him from looking into local environmental problems. "Sudbury was still a company town," he explained. "If you started working on it (the degraded landscape), it would indicate there was a problem." He added: "It seems comical now to think about it."

But with the imposition of provincially regulated emission limits, Sudbury's problem was out in the open. A formal request from the Ontario Department of Lands and Forests (precursor to the Ontario Ministry of Natural Resources) was all that scientists at Laurentian needed to act. Inco's agriculturalist at the time remembers his relief and excitement when biologists from Laurentian came along to lead the way. Although the mining companies had had some success at re-vegetating tailings areas and regreening industrial lands that were accessible to machinery, the rocky hard-to-reach slopes were a problem. Furthermore, until this time, it had been assumed that soil acidity alone was limiting plant growth. The biologists demonstrated that a combination of factors was to blame. Acidic soil, metal toxicity, lack of moisture, low fertility and frost heave all contributed to the high mortality rate.

In 1971, the scientists set up small plots to test various combinations of soil amendments and plant species. They confirmed that applications of crushed limestone neutralized acidic soil, inhibited the uptake of metals, enhanced bacterial activity and seemed to allow some types of vegetation to thrive. One biologist from Laurentian remarked: "Liming the acidic soil turned out to be magical; the effects

Un Élan à donner

Les émissions annuelles de bioxyde de soufre provenant des compagnies de nickel sudburoises atteignaient un sommet de 2,5 millions de tonnes au moment où l'Université Laurentienne ouvrait ses portes en 1960. Plusieurs membres du personnel de cet établissement possédaient certes les connaissances et les compétences pour s'attaquer à la lourde tâche de revégétation du paysage, mais ils ne se pencheront sur le problème qu'au cours de la deuxième moitié de la décennie. L'un des professeurs se souvient qu'au milieu des années 1960, le directeur de son département lui a déconseillé de s'intéresser aux problèmes environnementaux locaux. « Sudbury était toujours une ville fermée, dira-t-il. Le fait de s'attaquer à la dégradation du paysage aurait signalé qu'il y avait un problème. Les temps ont bien changé. »

La réglementation provinciale sur les émissions fait cependant éclater le problème sudburois au grand jour. La demande officielle de l'Ontario Department of Lands and Forests (qui deviendra le ministère des Richesses naturelles de l'Ontario) était tout ce dont avaient besoin les scientifiques de l'Université Laurentienne pour se lancer à la recherche d'une solution. Le chercheur agricole d'Inco à l'époque se rappelle son soulagement et son enthousiasme en apprenant que les biologistes de l'Université chapeauteraient le projet. Le reverdissement, par les compagnies minières, des aires de résidus et des terrains industriels où les machines pouvaient se rendre avait connu un certain succès; cependant, les talus abrupts posaient problème. Par ailleurs, jusqu'à cette époque, on croyait que seule l'acidité du sol limitait la croissance des plantes. Les biologistes ont alors démontré qu'un certain nombre de facteurs entraient en ligne de compte. Des sols acides et insuffisamment fertiles, le niveau de toxicité métallique, un manque d'humidité et le déchaussement des plantes en raison du gel contribuaient tous à un taux élevé de mortalité.

En 1971, les scientifiques créent de petits sites d'essai afin de tester les diverses combinaisons d'amendement du sol et d'espèces végétales.

were even more pronounced than we'd expected." In reality, what the scientists did was develop a seeding system and establish application rates for crushed limestone, fertilizer and seed that were appropriate for Sudbury's challenging conditions.

These discoveries coincided with the introduction of regional government to the area. The new Regional Municipality of Sudbury, an amalgam of 15 smaller municipalities, decided it was time to plot a more diverse future, less prone to the boom-and-bust cycles typical of resource industries such as nickel mining. But the stark landscape made it difficult to entice new businesses or qualified employees to Sudbury. It was a case where past environmental degradation was stifling future economic development. So, in 1973, the new municipality welcomed an innovative suggestion put forward by the Ministry of Natural Resources.

Excited by the scientists' findings, the Ministry of Natural Resources approached regional officials suggesting that a multidisciplinary group of individuals interested in regreening Sudbury be assembled under a regional government umbrella. This committee would improve Sudbury's reputation by re-vegetating highly visible barren areas around communities and along highways and railways, by making trees for planting on private property available to residents and by encouraging re-vegetation of vacant land within communities. Regional officials acted quickly. On October 3, 1973 a committee comprising volunteers from Cambrian College, Laurentian University, Inco, Falconbridge, the provincial Ministry of Natural Resources, the Nickel District Conservation Authority, area municipalities and the Region came into being. Known at the time as the Technical Tree Planting Committee, it was eventually renamed the Vegetation Enhancement Technical Advisory

Spirit of hope
Un germe d'espoir

Les essais confirment que le calcaire broyé neutralise le sol acide, bloque l'absorption de métaux, accroît l'activité bactérienne et semble appuyer la croissance de certaines espèces. Un biologiste de l'Université remarque alors : « Le chaulage des sols acides a fait des miracles; les résultats étaient encore plus favorables que nous ne l'avions prévu. » En fait, les scientifiques ont développé un système d'ensemencement et établi des doses d'utilisation du calcaire broyé, de l'engrais et des semis pour répondre aux défis de Sudbury.

Ces découvertes coïncident avec la mise en place du gouvernement régional à Sudbury. La nouvelle Municipalité régionale de Sudbury, un amalgame de 15 municipalités plus petites, décide qu'il est temps de planifier un avenir mieux diversifié, moins vulnérable aux cycles d'expansion et de ralentissement. Tel est souvent le lot des industries primaires, par exemple celle de l'exploitation du nickel. Le paysage sudburois, si mal en point, n'est pas invitant pour une nouvelle entreprise ou de nouveaux employés qualifiés. La détérioration environnementale du passé est un frein au développement économique de l'avenir. En 1973, la nouvelle municipalité accepte donc avec joie une idée innovatrice du ministère des Richesses naturelles.

Encouragé par les résultats des scientifiques, ce ministère suggère aux agents de la Région de mettre sur pied un groupe multidisciplinaire, chapeauté par le gouvernement régional, formé d'individus qui s'intéressent à faire renaître le paysage sudburois. Ce comité améliorerait la réputation de Sudbury en revégétant les terrains stériles très visibles dans les communautés et le long des routes et des chemins de fer, en mettant des arbres à la disposition des gens afin que ces derniers les plantent chez eux, et en incitant les gens à reverdir les terrains libres dans la

Wild blueberries flourish in Sudbury's acidic soil / *Le sol acide de Sudbury est le milieu idéal pour les bleuets sauvages*

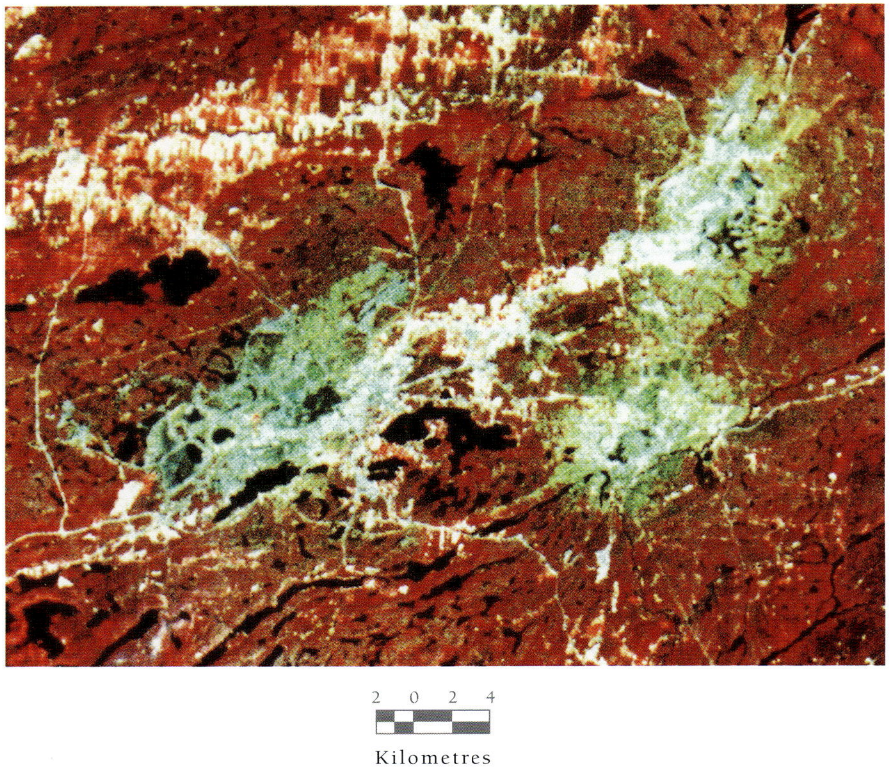

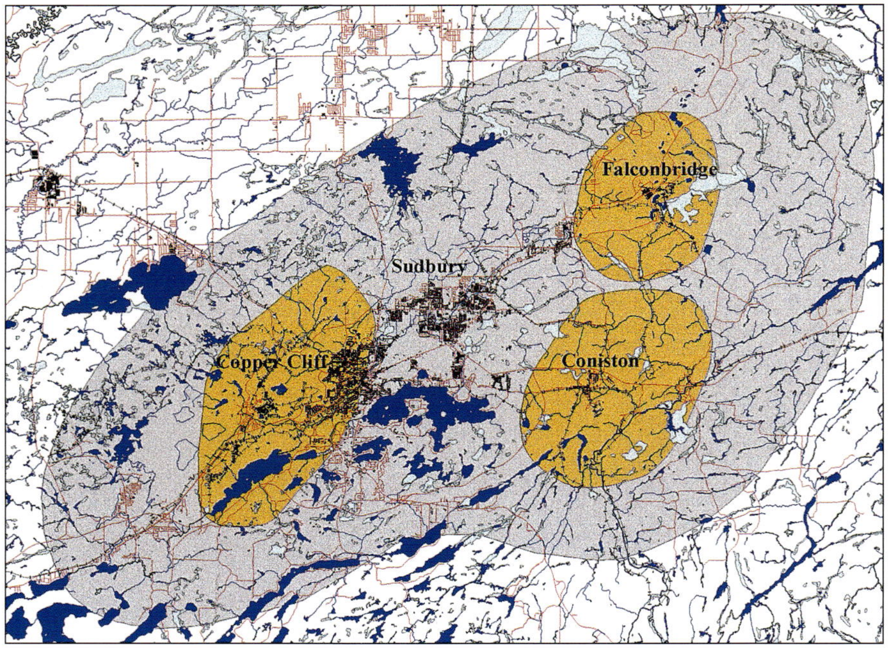

These images illustrate the barren and semi-barren zones in the Sudbury area. TOP: *Infrared satellite image depicts Sudbury's barren (white) and semi-barren (turquoise) land. Taken at 705 km above the Earth's surface, 1986.* BOTTOM: *This map defines the barren (yellow) and semi-barren (grey) areas.*

Ces images illustrent les zones stériles et à demi stériles dans la région de Sudbury. EN HAUT : *image satellite infrarouge montrant le terrain stérile (en blanc) et à demi stérile (en turquoise) de Sudbury. Photo prise à 705 kilomètres au-dessus de la surface terrestre, 1986.* AU BAS : *carte montrant le même terrain stérile (en jaune) et à demi stérile (en gris).*

Committee (VETAC) and expanded to include a number of other agencies, community groups and private citizens.

The new committee commissioned a team of scientists to survey the barren and semi-barren land along regional highways and railway lines. It also set up test plots to evaluate different soil amendments and seed applications. Located on steep slopes and barren bogs — some of the most inaccessible and challenging areas to reclaim — the plots were limed, fertilized and seeded by hand, without initial site preparation.

The survey confirmed what visitors to Sudbury already knew: a large percentage of regional highway and railway corridors needed rehabilitation. Sudbury's disturbed lands occupied an elliptical area with the city at its epicentre. Three smaller zones, contained within the larger area, surrounded the smelters in Coniston, Copper Cliff and Falconbridge. They encompassed the most intensely damaged land. Ultimately, this entire area would become the committee's target: approximately 30,000 hectares of barren and semi-barren land. Taken up by lakes, wetlands, houses, parks and commercial buildings, or sufficiently green that additional reclamation was deemed unnecessary, the remaining 54,000 hectares are beyond the committee's objectives.

Promising test-plot results prompted the committee to arrange field trials. In 1975, half a hectare on a barren hillside behind St. Hubert School in Sudbury's west end became the first field trial site. At least one Sudburian remembers well the day when a professor from Laurentian University came to his class looking for volunteers to help with the reclamation project. At the time he was a grade five student. He recalls: "There was this smart guy telling us that he was going to grow grass on the rock. I remember thinking how communauté. Les agents de la Région ne perdent pas de temps. Le 3 octobre 1973, un comité composé de bénévoles du Collège Cambrian, de l'Université Laurentienne, d'Inco, de Falconbridge, du ministère des Richesses naturelles de l'Ontario, de la Commission de Conservation du District du Nickel, des municipalités environnantes et de la Région est mis sur pied. Alors connu sous le nom de Comité technique de plantation d'arbres, puis renommé Comité consultatif technique de mise en valeur de la végétation, il comprendra plus tard un certain nombre d'organisations, de groupes communautaires et de citoyens.

Le nouveau comité demande à une équipe de scientifiques d'arpenter les terrains complètement ou presque complètement stériles le long des routes régionales et des chemins de fer. Il effectue également des tests sur des sites d'essai pour évaluer divers amendements des sols et applications des semis. Ces terrains sont peu accessibles et très difficiles à revégéter puisqu'ils se trouvent sur des talus abrupts ou dans des marais stériles. Malgré cela, ils sont chaulés, fertilisés et ensemencés à la main, sans que le site ne soit d'abord préparé.

L'arpentage confirme ce que les gens visitant Sudbury savent déjà : il faut remettre en végétation un grand pourcentage des routes régionales et des terrains situés dans les corridors de chemins de fer. Les terrains devant être réhabilités sont répartis à la même distance dans la région, et la ville en est l'épicentre. Trois zones plus petites qui se trouvent à l'intérieur de la région plus vaste ceinturent les fonderies à Coniston, à Copper Cliff et à Falconbridge. C'est là que se trouvent les terrains les plus ravagés. Le comité fera de cette région sa cible : il y a là 30 000 hectares de terrains stériles et à demi stériles. Sur les autres 54 000 hectares de terres détériorées, on trouve des lacs, des marécages, des maisons, des centres commerciaux et des parcs; parfois, la végétation y est suffisamment abondante qu'il n'est pas nécessaire de remettre le terrain en état.

Des résultats de tests prometteurs sur les sites d'essai inciteront le comité à organiser des essais en grandeur réelle. En 1975, un demi-hectare d'une colline stérile, derrière l'école St. Hubert, dans l'ouest de Sudbury, devient le lieu du premier essai. Un Sudburois se souvient qu'un professeur de l'Université Laurentienne s'est présenté dans sa classe pour recruter des bénévoles qui participeraient aux activités de reverdissement du paysage. Ce Sudburois était alors en cinquième année. « Cet homme intelligent était là devant nous, disant qu'il ferait pousser de l'herbe sur des rochers. Ça me

Beaver ponds — oases for wildlife
Des étangs de castors : oasis pour la faune

ridiculous that was." Ridiculous or not, the 11-year-old student signed on as a volunteer and for a day that August he worked with a dozen others spreading crushed limestone and fertilizer, and distributing grass seed over the barren hillside. That fall, when students returned to school, they were amazed to find the Laurentian professor had done exactly what he'd said he would do. In the contained area where the amendments had been applied, green grass blanketed the otherwise barren slope.

Two years later a similar trial was carried out near St. Paul the Apostle School in Coniston. Grade seven and eight students spent three days applying limestone and grass seed. One of the students recalls the experience: "I'll never forget climbing those rocks with seed and lime." Now, whenever friends come to visit him, he takes them to his old school to show off the forest that has grown up as a result of that experiment carried out over 20 years ago.

Like the field behind St. Hubert, the site at St. Paul the Apostle encouraged the committee. The promising results also made it easy for regional officials to include enhancing Sudbury's visual quality and image, by means of reclamation on disturbed lands, as a key objective in its new Regional Official Plan.

Several other factors came together in 1978 that would turn the committee's research into a full-fledged operation. The previous year, Inco had done the unthinkable in announcing major layoffs. Six months later, the harsh reality of the situation hit home. One-quarter of the company's 14,000 employees received layoff notices, and no summer students were offered jobs. The situation crystallized Sudbury's need to diversify its economy. A regional task force, set up to find ways of mitigating the impact of Inco's cutbacks, recognized that a land reclamation program could serve two purposes: it could provide summer employment for students and improve Sudbury's "visual quality" which, in turn, would

Spruce saplings
De jeunes épinettes

semblait bien ridicule. » Quoi qu'il en soit, il accepte de se porter volontaire. En août, pendant une journée, il participe avec une douzaine d'autres personnes aux premières étapes d'un long processus : il répand du calcaire broyé et de l'engrais et dissémine des semences d'herbe sur la colline stérile. En automne, à leur retour en classe, les élèves n'en reviennent pas : comme l'avait prédit le professeur, de l'herbe verte recouvre un talus pourtant dénudé de toute autre végétation.

Deux années plus tard, on fait le même essai près de l'école St. Paul the Apostle à Coniston. Des élèves des septième et huitième années épandent du calcaire et des semences d'herbe pendant trois jours. L'un d'eux s'en souvient : « L'escalade de ces rochers avec des semences et de la chaux, je ne l'oublierai pas. » Aujourd'hui, lorsque ses amis viennent le voir, il leur montre la forêt derrière l'école, fruit de l'expérience tentée il y a plus de 20 ans.

Les résultats obtenus derrière l'école St. Paul the Apostle sont tout aussi encourageants. Les agents de la Région peuvent sans difficulté s'appuyer sur ces résultats pour inclure l'amélioration de l'image de Sudbury, grâce à la réhabilitation des terrains, parmi les grands objectifs du nouveau Plan régional officiel.

Plusieurs autres facteurs contribuent à faire des recherches du comité un véritable projet. En 1977, Inco annonce des mises à pied massives, ce qui avait jusque-là paru impensable. Six mois plus tard, on mesure la gravité de la situation. Un quart des 14 000 employés de la compagnie reçoivent un avis de licenciement et aucun étudiant n'obtient d'emploi d'été. De toute évidence, Sudbury doit diversifier son économie. Un groupe de travail régional ayant pour mandat de trouver des façons d'atténuer l'impact des compressions chez Inco reconnaît qu'un programme de remise en état des terrains pourrait répondre à deux objectifs : les étudiants pourraient décrocher un emploi d'été tout

On the trail of a fox / *Sur la piste d'un renard*

To initiate the regreening process, workers spread limestone

Pour amorcer le processus de reverdissement, les travailleurs épandent du calcaire

help Sudbury attract more people and new businesses. When approached by the Region, the committee picked up on the idea and pulled together a project proposal. A favourable response from several agencies approached for support launched one of the largest-ever community-based reclamation efforts on industrially disturbed lands. The real healing was about to begin.

One hundred and seventy-four students spent the summer of 1978 trundling back and forth over barren rocky slopes where they applied vast quantities of crushed limestone and fertilizer and sowed grass seed. They removed unsightly old stumps, sampled soil for pH and nutrient content and collected native seed. Working along a section of highway close to the airport and along a particularly barren portion of the Trans-Canada Highway (Highway 17 East) at Sudbury's entrance, they focused on improving the view presented to visitors. By summer's end, students had planted grass on 115 hectares of barren lands, removed debris from another 206 hectares, planted 6,000 trees, shrubs and herbaceous plants, collected 30,000 samples for pH and nutrient testing, gathered 365 kilograms of native seed and established 122 new test plots. It was a very encouraging start indeed.

en améliorant la « qualité visuelle » de Sudbury, ce qui aiderait la ville à attirer des gens et de nouvelles entreprises. À l'instigation de la Région, le comité accepte le projet et élabore une proposition. L'appui enthousiaste de bon nombre d'organisations pressenties permet de lancer l'un des plus importants projets de réhabilitation des terrains industriels entrepris à l'échelle communautaire. La véritable renaissance prendra bientôt son envol.

À l'été de 1978, 174 étudiants parcourent des talus rocheux et stériles sur lesquels ils épandent de vastes quantités de calcaire broyé, d'engrais et de semences d'herbe. De vieilles souches disparaissent, on recueille des semences indigènes et on prélève des échantillons de sols pour mesurer le pH et la teneur en éléments nutritifs. Les étudiants travaillent surtout là où on peut le mieux améliorer l'image de Sudbury pour les visiteurs : on se concentre sur des secteurs en bordure de la route près de l'aéroport et sur une section particulièrement dénudée de la route transcanadienne (route 17 Est) à l'entrée de Sudbury. À la fin de l'été, les étudiants auront remis en végétation 115 hectares de terres stériles, nettoyé 206 autres hectares de terres, planté 6 000 arbres, arbustes et plantes herbacées, prélevé 30 000 échantillons à des fins d'analyse du pH et des éléments nutritifs, recueilli 365 kilogrammes de semences indigènes et délimité 122 nouveaux sites d'essai. Ce sont des débuts prometteurs.

Fresh spring foliage sprouts from a birch tree

Une jeune pousse émerge d'un bouleau

Resilience — a tuft of grass finds refuge within a crack in the blackened rock
La résistance. Une touffe d'herbe se réfugie parmi les roches noircies

The Northern Lights (Aurora Borealis) are a spectacular sight in Sudbury's clear skies
Les aurores boréales : un merveilleux spectacle dans le ciel dégagé de Sudbury

Beavers harvest birch / *Les castors font usage de bouleaux*

Colony of sedges in a wet meadow / Du carex dans une prairie humide

"Sudbury's rapidly developing ecosystem testifies that environmental degradation can be reversed. It serves as a key living model demonstrating that through patience, dedication, community cooperation and application of scientific experimentation, a new eco-friendly community arises."

« L'écosystème en croissance rapide de Sudbury montre qu'on peut renverser le processus de dégradation environnementale. Voici la preuve vivante qu'avec de la patience, du dévouement, la collaboration de toute une communauté et une bonne dose d'expérimentation scientifique, on peut faire renaître une nouvelle collectivité à l'écoute de son environnement. »

DR. PETER BECKETT, PROFESSOR, LAURENTIAN UNIVERSITY / PROFESSEUR, UNIVERSITÉ LAURENTIENNE, SUDBURY, ONTARIO, CANADA

REGREENING CATCHES ON

Buoyed by the project's success and the mining companies' ongoing land reclamation efforts, the committee convinced the region to expand the program. The next year some 325 students invaded Sudbury's barren hillsides like an army of worker ants. Many residents recall this period. Their most vivid memories are of the hundreds of white bags of crushed limestone that littered the black rocks until their magical contents could be spread by hand in advance of the grass seed. Funding continued, and year after year between 150 and 300 or more students chipped away at the inventory of barren and semi-barren land that lined Sudbury's transportation corridors — the worst eyesores for residents and visitors alike. One former summer student remembers well the stretch between Sudbury and Chelmsford where she hauled limestone and seed for a summer. Having taken photos of the untreated blackened landscape, she hopes to return to the same spot some day to take comparison shots, though she wonders if the exact location could ever be found, so changed is the landscape.

By 1984, over $12 million had been spent and a total of 2,636 hectares had been greened. Almost 400,000 trees had been planted as part of a new program that began in earnest in 1982. Starting that year, the Region hired workers laid off by Inco and Falconbridge (the mining sector suffered during the recessionary years of the early 1980s) to plant trees during the spring season before summer students were available.

Most importantly, the hard work was paying off. The hillsides were noticeably altered, especially during the summer when the grass was green and the deciduous trees were in full leaf. Even in winter the small Red and Jack Pines, which had been planted in a disorderly fashion to resemble a natural forest, gave the landscape a new, healthier hue. Though the improvements were incremental, they were sufficiently dramatic for residents to begin believing that maybe, just maybe, the landscape could be healed.

LE REVERDISSEMENT S'ENRACINE

Encouragé par le succès du projet et la participation enthousiaste des compagnies minières à la revégétation, leurs premiers efforts fructueux en ce sens et les résultats de la première année de travail, le comité convainc la Région d'étendre le programme. L'année suivante, quelque 325 étudiants prennent d'assaut les collines stériles de Sudbury. Bon nombre de résidents se souviennent clairement des centaines de sacs blancs de calcaire broyé, étalés sur les roches noires jusqu'à ce que leur contenu soit répandu à la main avant l'ensemencement de l'herbe. Grâce au financement, d'année en année, de 150 à 300 étudiants ont répété ces gestes le long des routes de Sudbury. L'une des étudiantes se souvient bien de la section entre Sudbury et Chelmsford où elle a transporté du calcaire et des semences tout l'été. Photos du paysage détérioré à l'appui, elle espère un jour retourner au même endroit pour comparer les anciennes images avec les résultats actuels du chemin parcouru. Toutefois, elle se demande si elle pourra retrouver l'emplacement exact, tellement le paysage a changé.

Jusqu'en 1984, plus de 12 millions de dollars ont été dépensés pour faire renaître 2 636 hectares. Environ 400 000 arbres ont été plantés dans le cadre d'un nouveau programme ayant véritablement pris son envol en 1982. C'est à partir de cette année que la Région a embauché des travailleurs mis à pied par Inco et Falconbridge (la récession du début des années 1980 frappant durement les compagnies minières) pour planter des arbres le printemps avant l'arrivée des étudiants l'été.

Le dur travail a porté ses fruits. Les collines reverdissent, surtout l'été alors que l'herbe est verte et que la feuillaison des arbres à feuilles caduques est achevée. Même l'hiver, les petits pins rouges et gris, plantés de manière désordonnée pour donner à la forêt un aspect naturel, confèrent au paysage une allure plus saine. Lentement mais sûrement, les résidents se mettent à croire que le paysage peut renaître.

Même si bien des résidents ne voient pas l'activité qui soutient la

Even if local residents failed to notice all the activity on the barren and semi-barren lands, they couldn't overlook the bevy of new cultural and commercial events and facilities. Spurred on by Sudbury's ever-improving appearance, community leaders believed no goal was beyond their reach. In 1984, Queen Elizabeth II officially opened Science North, Sudbury's hands-on science centre. It was an ambitious project for a region with only 160,000 residents that was still shunned by tourists. The hugely popular $20-million facility gave visitors something more to do than stare at the fading lunar landscape and ogle the impressive Big Nickel, a nine-metre high replica of a 1951 five-cent piece. If anyone remained unconvinced that Sudbury could break free of its parochial mining town mentality, Science North changed all that. Then, in 1986, the Ontario Horticultural Association recognized Sudbury's regreening efforts by presenting the Region with its Community Improvement Award.

Energized by the increasingly visible record of its success and its recent award, participants' enthusiasm never flagged as the 1980s became the 1990s. The program's focus did, however, shift to tree planting since in some places trees were now able to grow without the need for the application of limestone. Furthermore, with dramatically improved air quality, some tree species were naturally colonizing previously barren lands. One VETAC member recalls his astonishment at the natural regeneration. He explained: "One day we wandered around up behind the smelter and our mouths dropped open. We saw all these birch seedlings coming back and we hadn't planted them."

Tree planting was both easier and less costly than creating a cover of grass. Whereas the annual number of hectares that were limed, fertilized and seeded counted in the hundreds or more during the early years (in

The Big Nickel – a Sudbury icon
Le Big Nickel : un symbole sudburois

renaissance du paysage, les nouvelles activités culturelles et commerciales ainsi que les installations qui s'y rattachent n'échappent pas à leur attention. L'aspect de Sudbury s'améliore sans cesse, et les leaders de la communauté estiment maintenant que rien n'est impossible. En 1984, la Reine Elizabeth II procède à l'ouverture officielle de Science Nord, le centre des sciences de Sudbury. À l'époque, il s'agissait d'un ambitieux projet pour une région de 160 000 habitants que les touristes évitaient toujours. Pourtant, ce centre de 20 millions de dollars permet aux touristes de faire bien plus que de regarder un paysage lunaire qui s'estompe ou l'impressionnant Big Nickel, une imitation d'une pièce de cinq cents haute de neuf mètres. Science Nord allait convaincre les incrédules : Sudbury pouvait s'affranchir de la mentalité associée aux villes minières. En 1986, l'Ontario Horticultural Association reconnaît les efforts de reverdissement de Sudbury en décernant à la Région son prix soulignant l'amélioration des communautés.

Ce prix ainsi que les succès évidents donneront un élan aux participants jusqu'aux années 1990. Le programme mettra désormais l'accent sur la plantation d'arbres car à certains endroits, l'application d'engrais, sans l'ajout de calcaire, donne aussi de bons résultats. De plus, en raison de l'amélioration surprenante de la qualité de l'air, les arbres poussent désormais naturellement dans des terrains auparavant stériles. Un membre du Comité consultatif technique de mise en valeur de la végétation témoigne de son étonnement. « Un jour que nous marchions derrière une fonderie, la scène nous a laissés bouche bée. Les semis de bouleaux poussaient sans que nous les ayons plantés! »

Il est plus facile et moins coûteux de planter des arbres que de créer une couche herbacée. Si, au départ, des centaines d'hectares sont chaulés, fertilisés et ensemencés tous les ans, à la fin des années 1980 et au début des années 1990, ce nombre passe à 50 par année. Au même

Science North – on the shore of Ramsey Lake / Science Nord – au bord du lac Ramsey

1983 alone 1,084 hectares were limed), it dropped to less than 50 hectares per year throughout most of the late 1980s and 1990s. At the same time, the number of tree plantings climbed. In excess of 100,000 Red and Jack Pine, Red Oak and Tamarack were put into the ground each year between 1983 and 2000 (985,574 in 1998). As the pines matured, Sudbury's new colour extended into the winter season. For some people it was the contrast of green pine trees against a snowy white background that drew their attention to the changing view.

The community rallied around tree planting. Scouts and other volunteer groups, encouraged by Sudbury's new, greener look, planted thousands of seedlings each year. Students from the Copper Cliff Public School created a community garden and frog pond in their schoolyard. One teacher from the Copper Cliff school recalls the graduation wish of a physically disabled student. Before moving on to high school he wanted one more opportunity to visit the tree he'd planted behind the school. The teacher remembers helping him make the long arduous climb up the hill to say a last farewell.

Pride and a sense of community stewardship seeped into previously unkept neighbourhoods. Property owners greened their own backyards. One individual who arrived in Sudbury in 1970, explained: "I guess I saw other people doing it (planting trees) and they were doing well. So I planted some too." Another remarked: "I feel Sudburians have just come alive regarding regreening their properties. They used to plant some greenery around their houses. Now they plant flowers right up to the sidewalk." Residents became involved.

The one-millionth tree was planted in 1990, and organizations showered Sudbury with praise for its accomplishments. That year, amidst a Canada-wide frenzy of heightened environmental awareness, Sudbury received the Arboricultural Award of Merit from the

Bullfrogs are indicators of improved water quality
Les ouaouarons : signe révélateur de l'amélioration de la qualité de l'eau

moment, on plante plus d'arbres. Au-delà de 100 000 pins rouges et gris, chênes rouges et mélèzes laricins sont plantés annuellement de 1983 à 2000 (985 574 en 1998). Au fur et à mesure que les pins mûrissent, l'hiver sudburois prend aussi des couleurs. Le contraste des pins verts contre un arrière-plan enneigé est saisissant.

La communauté appuie massivement la plantation d'arbres. Encouragés par la nouvelle apparence de la région, les scouts et d'autres groupes bénévoles plantent des milliers d'arbres chaque année. Des élèves de la Copper Cliff Public School créent un jardin communautaire et un étang à grenouilles dans leur cour d'école. L'un de leurs enseignants parle du souhait formulé lors de la remise des diplômes par un élève atteint d'un handicap physique. Avant de passer à l'école secondaire, celui-ci désire voir une fois de plus l'arbre qu'il a planté derrière l'école. L'enseignant l'aide à gravir avec peine la colline pour saluer une dernière fois le paysage.

La fierté et le sentiment d'appartenance communautaire s'étendent aux voisinages autrefois négligés. Les propriétaires reverdissent leur arrière-cour. Une personne arrivée à Sudbury en 1970 en témoigne : « J'ai vu des gens qui plantaient des arbres, et j'ai suivi leur exemple. » Un autre va plus loin : « J'ai l'impression que les Sudburois ont eu un regain de vie en reverdissant leur propriété. Auparavant, ils plantaient des jardins autour de leur demeure. Maintenant, ils plantent des fleurs jusqu'au trottoir. »

En 1990, on plante le millionième arbre; des organisations en profitent pour féliciter Sudbury de ses réalisations. La même année, le Canada tout entier prend particulièrement conscience des problèmes liés à l'environnement. Sudbury reçoit alors le Prix du mérite arboricole décerné par la Société internationale d'arboriculture Ontario Inc, le Prix du lieutenant-gouverneur pour la conservation de l'environnement décerné par le Conseil de l'Ontario ainsi qu'un prix d'excellence

Spring runoff nurturing moss / L'écoulement printanier alimente de la mousse

International Society of Arboriculture Ontario Inc., the Lieutenant Governor's Conservation Award from the Council of Ontario and a Government of Canada Environmental Achievement Award. When, the next year, *Chatelaine* magazine named Sudbury one of the ten best Canadian cities in which to live, memories of the bleak landscape were relegated to the history books.

And more positive recognition was still to come. In 1991, Sudbury received visitors who were even more famous than the Apollo 16 astronauts. The Prince and Princess of Wales, Charles and Diana, arrived that year. While the Princess opened a new cancer treatment centre, Prince Charles — well known for his interest in conservation — visited Inco's industrial complex. He witnessed the inauguration of the company's new oxygen flash furnace. This new system would do what the superstack could not. It would contain 90 per cent of Inco's sulphur. The legacy of that visit is the 40 hectare Prince of Wales Forest near Inco's industrial complex. Planted with 10,000 Red and Jack Pine in 1992, it is a living reminder of that royal day.

Then, in 1992, exactly 20 years after the United Nations held its first Earth Summit in Stockholm and acid rain became a household word, the second Earth Summit took place in Rio de Janeiro, Brazil. Attended by the leaders of 142 nations, the Rio Earth Summit was the environmental meeting of the twentieth century. At this prestigious event, Sudbury took the international spotlight. A panel of experts from around the globe selected Sudbury, and 11 other cities from over 250 nominations, to receive an award for its environmental efforts. More specifically, the panel honoured Sudbury's land reclamation program

Residents take advantage of the natural landscape
Des résidents profitent du paysage naturel

environnementale du gouvernement du Canada. L'année suivante, les souvenirs d'un paysage noir sont définitivement relégués au passé quand le magazine *Chatelaine* classe Sudbury au rang des dix premières villes canadiennes où il fait bon vivre.

D'autres honneurs s'ajouteront au fil des ans. En 1991, Sudbury accueille des visiteurs plus célèbres encore que les astronautes d'Apollo 16, c'est-à-dire le prince et la princesse de Galles. Tandis que la princesse Diana inaugure un nouveau centre de traitement du cancer, le prince Charles, reconnu pour l'intérêt qu'il manifeste pour la conservation, fait la tournée du complexe industriel d'Inco. Il assiste à l'inauguration d'un nouveau four à oxygène, qui permettra de réaliser ce que la supercheminée n'aura pas réussi, soit contenir 90 pour cent du soufre produit par Inco. À la mémoire de cette visite se trouve la Forêt prince de Galles, de 40 hectares, près du complexe industriel. On y a planté 10 000 pins rouges et gris en 1992, témoins vivants de cette journée royale.

Enfin, en 1992, exactement 20 ans après la tenue de la première conférence des Nations Unies sur l'environnement et le développement, à Stockholm, et 20 ans après l'apparition du terme « pluies acides » dans le paysage, le deuxième Sommet de la Terre a lieu à Rio de Janeiro, au Brésil. Les chefs d'État et de gouvernement de 142 nations prennent part à la rencontre par excellence du XXe siècle sur l'environnement. Sudbury vole la vedette. La ville fait partie d'un groupe de 11 villes sur 250 en nomination pour l'obtention d'un prix prestigieux. En 1992, un groupe d'experts du monde entier remet alors à la région la Médaille du gouvernement local décernée par les Nations Unies pour souligner with the 1992 United Nations Local Government Honours Award. The judges recognized Sudbury's success in involving its citizens and institutions, in applying environmental objectives and in benefiting the community at large. Maurice Strong, a Canadian, was the conference's chief organizer. He was there for the awards ceremony and describes the event in a book entitled *Restoration and Recovery of an Industrial Region*: "One of the happiest and most proud moments of the entire Earth Summit, for me as a Canadian, came when the Sudbury community was given the 1992 United Nations Local Government Honours Award for its work to reverse the process of environmental degradation." He considers Sudbury a perfect example of how communities need to move into the ecological trenches to accomplish the goals of sustainable development described at the Rio Earth Summit.

---

l'impact de son programme de réhabilitation du paysage. La participation de la population et des institutions dans la mise en œuvre d'objectifs environnementaux qui profitent à l'ensemble de la communauté frappe les juges. Un Canadien, Maurice Strong, est l'organisateur principal de la conférence. Dans le livre intitulé *Restoration and Recovery of an Industrial Region*, il décrit en ces mots la cérémonie de remise des prix à laquelle il assiste : « Quand on a accordé à Sudbury la Médaille du gouvernement local décernée par les Nations Unies en 1992, en reconnaissance du travail de la région pour renverser le processus de détérioration environnementale, cela a été l'un des plus beaux moments de toute la conférence, et l'un dont je suis le plus fier à titre de Canadien. » À son avis, Sudbury est un exemple parfait du travail que doivent faire les communautés dans les tranchées écologiques afin de réaliser les objectifs de développement durable énoncés au Sommet de la Terre, à Rio de Janeiro.

Dawn's light on frosted birch trees
La lumière à l'aurore caresse des bouleaux givrés

Sparkling stream
Un ruisseau scintillant

Contrasting landscape / Un paysage de contrastes

Nature's mosaic: Hair Cap Moss / Une mosaïque naturelle : les poils de siffleux (polytric)

Copper Cliff Tailings –
reclaimed area (top) and before reclamation (bottom)

L'aire de résidus miniers à Copper Cliff –
zone réhabilitée (ci-dessus); avant la réhabilitation (ci-contre)

Natural regeneration / La régénération naturelle

Sculpture of the ice age / *Une sculpture de l'époque glaciaire*

A blanket of Red Top Grass — a key species in regreening / Une nappe d'agrostide blanche — une espèce clé du reverdissement

Sunlight dancing on autumn's jewels / *La danse des rayons sur les joyaux de l'automne*

"The inspiration from one accomplishment creates boundless momentum for the success of future endeavors. With teamwork, the possibilities are limitless." / *« L'inspiration qu'engendre une première réussite donne un élan infini aux futurs projets et en accroît ainsi les chances de succès. Grâce au travail d'équipe, les possibilités sont illimitées. »*

MELISSA BRESNAHAN, TRANS CANADA TRAIL COORDINATOR — SUDBURY REGION / COORDONNATRICE, SENTIER TRANSCANADIEN — RÉGION DE SUDBURY

THE REGREENING AND THE COMMUNITY THRIVE

During the first seven years of the regreening effort (1978 to 1984), total government funding from federal and provincial sources averaged almost $1.6 million per year. By the mid-1990s it had shrunk by almost two-thirds. Although volunteers were now planting thousands of trees each year, summer students and workers hired under various government-assisted programs still handled the bulk of the almost one million trees that VETAC aimed to plant annually. Since the overall cost of the program, including labour and materials, had not diminished, a search for new partners began.

In 1997, TransCanada Pipelines and the Tree Canada Foundation collaborated with the Regional Municipality of Sudbury. TransCanada Pipelines provided seedlings to the Region by way of the Tree Canada Foundation. In 1999, the Eddie Bauer Company — a well-known outfitting store — became similarly involved. The carbon absorbed by the trees these companies supply to Sudbury offsets the carbon emitted by industrial operations and the activities of everyday Canadians. In this way, these corporations contribute to Canada's efforts to reduce net emissions of the gases that cause global warming. At the same time they are partners in Sudbury's regreening effort. It is the commitment of TransCanada Pipelines, the Eddie Bauer Company and numerous other partners, that has topped up the project's funding, thereby enabling the regreening to continue uninterrupted.

This isn't the only innovative program emanating from the creative

Junction Creek picnic (1895)
Un pique-nique à la crique Junction (1895)

LE PAYSAGE ET LA COMMUNAUTÉ FLEURISSENT

Au cours des sept premières années du projet de reverdissement, de 1978 à 1984, le financement global des gouvernements fédéral et provincial s'élève en moyenne à 1,6 million de dollars annuellement. Au milieu des années 1990, cette somme aura presque été réduite des deux tiers. Certes, des bénévoles plantent maintenant des milliers d'arbres chaque année. Mais ce sont tout de même les étudiants occupant un emploi d'été et les travailleurs embauchés dans le cadre de divers programmes gouvernementaux qui plantent presque un million des arbres faisant partie de l'objectif fixé par le Comité consultatif technique de mise en valeur de la végétation. Puisque les coûts du programme n'ont pas diminué — y compris la main-d'œuvre et les matériaux — on se met à la recherche de nouveaux partenaires.

En 1997, TransCanada PipeLines fournit les semis à la Région par l'entremise de La Fondation canadienne de l'arbre. En 1999, un magasin bien connu, Eddie Bauer Company, devient également partenaire du projet. L'absorption du carbone par les arbres offerts en don permet de faire contrepoids au carbone que produisent les industries et les activités des Canadiens ordinaires. Ainsi, ces entreprises contribuent à l'effort du Canada visant à réduire les émissions nettes des gaz à effet de serre, tout en appuyant les efforts de reverdissement de Sudbury. Si le programme existe annuellement et que le financement a été ramené au niveau des premières années, c'est grâce à l'engagement et à la contribution d'un bon nombre de partenaires.

Healthy activity, healthy people / Gens actifs, gens en santé

minds of Sudburians. In most communities in Canada, Earth Day is a day-long celebration on April 22 of each year. But a VETAC suggestion resulted in Earth Day metamorphisizing into a month-long celebration of the Earth. In 1999, Earth Month focused on a "Celebration of Our Community's Water Resources." A key component of this program was an initiative to clean up Junction Creek, a small river that winds through the city. When the community was invited to help reintroduce brook trout to the waterway on Earth Day 2000, hundreds of Sudburians took up the offer. For years to come, upon seeing a brook trout, any brook trout, local kids will likely claim they recognize it as the fish they released on that memorable day.

The regreening efforts in Sudbury also inspired the Sudbury earthdancers, a troupe of about 25 young women. The group historically donated the proceeds from its annual contemporary dance performance to a large national environmental organization. But after the young dancers, according to their director, saw photos of how Sudbury looked before the regreening began, they jumped at the chance to support VETAC. The young women recognized that even though they might not be out there planting trees and cleaning up creeks, they could be part of the regreening.

For residents anxious for hands-on involvement, there is an annual Tree Giveaway. Sudburians have picked up more than 300,000 trees and planted them in backyards, along city streets, in parks and schoolyards. A couple that arrived in Sudbury in the 1970s has reaped the benefits from their share of free trees. "Some years ago there weren't any birds in our backyard," they recall. "There weren't any trees for them." Now, both the birds and the couple call Sudbury home. "We've been in other industrial towns. People end up being suitcase citizens," they explained. "But the regreening has made (Sudbury) residents more interested in

Autumn harmony / *Harmonie en automne*

Les Sudburois font aussi preuve d'innovation en mettant sur pied d'autres programmes. Dans la plupart des communautés canadiennes, le Jour de la Terre est souligné le 22 avril annuellement, mais à Sudbury, sous l'impulsion du Comité consultatif technique de mise en valeur de la végétation, cet événement dure tout un mois. En 1999, le Mois de la Terre est consacré à la célébration des ressources en eau (Celebration of Our Community's Water Resources). L'un des principaux éléments de cette célébration consiste à nettoyer la crique Junction, un petit cours d'eau qui serpente à travers la ville de Sudbury. À l'occasion de l'édition 2000, on invite les résidents à participer à la réintroduction de la truite de ruisseau dans la crique. Des centaines de Sudburois relèvent le défi. Au cours des prochaines années, les enfants d'ici diront probablement qu'ils reconnaissent le poisson qu'ils ont relâché en ce jour mémorable de l'an 2000.

Les efforts de reverdissement à Sudbury inspirent également une troupe d'environ 25 jeunes danseuses, les Sudbury earthdancers. Le groupe avait l'habitude de verser les recettes de ses spectacles annuels de danse contemporaine à une grande organisation environnementale canadienne. Selon leur directrice, lorsque les danseuses ont vu des photos du paysage sudburois avant sa renaissance, elles ont appuyé le Comité consultatif technique de mise en valeur de la végétation avec enthousiasme. Si ces danseuses ne plantaient pas d'arbres ou ne nettoyaient pas de cours d'eau, elles pouvaient tout de même contribuer au reverdissement.

Les résidents désireux de participer au processus de manière concrète peuvent le faire dans le cadre de la distribution annuelle d'arbres. Les Sudburois ont ainsi planté plus de 300 000 arbres dans leur arrière-cour, dans des parcs, dans des cours d'école et le long des rues de Sudbury. Un couple arrivé à Sudbury dans les années 1970 témoigne des beautifying and taking care of their homes. They can think of Sudbury as a permanent home."

Peregrine falcons, elk and trumpeter swans benefit from Sudbury's regreening. Motivated by the reclamation success, dedicated corporations and Sudburians have re-introduced these wondrous creatures to the area. Almost a century after they disappeared, over 150 elk are now beginning to thrive in their traditional habitat just south of Sudbury. Ending a 30-year exile, as many as three pairs of peregrine falcons now nest within Sudbury's limits and a pair of trumpeter swans hatched their first cygnets in the spring of 2000.

Elsewhere, the Silver Lake Project is the brainchild of a husband and wife team that owns a small piece of land on this disturbed lake on Sudbury's outskirts. Almost 30 years after Inco's superstack was built, Silver Lake supports little life. But experience gained from a committee-sponsored investigation of Daisy Lake, another acidified lake is making a difference. The rain and melted snow that travel over the acidic soils before draining into these bodies of water, depress the pH to a level that kills all but the most resilient species. With technical assistance, limestone and over 500 trees supplied by VETAC, the pH of the soil surrounding Silver Lake is slowly climbing and as it does, so too climbs the pH of the lake. And with each bit of success the project's leaders convince another neighbour to help out. The return of healthy populations of native fish, frogs and other aquatic species to Silver Lake will be all the reward dedicated volunteers require.

A Sudbury organization called Better Beginnings Better Futures also solicited assistance. In 1994, it initiated the Flour Mill/Donovan Community Environmental Preservation and Rehabilitation Project. The project's co-ordinator says VETAC's work "reinforced the ability of agencies such as ours to work with local volunteers." Thousands of White Pine, White Spruce and Red Oak now thrive in the soil-filled cracks that course area rocks. The majority of the work has taken place on "the mountain" where school children and community members have worked hardest.

The Sudbury Naturalists Club has adopted a three-kilometre stretch of roadside and annually plants 2,000 trees. A local naturalist credits the regreening program for the noticeable increase in the number and types

bienfaits de ce programme : « Il y a un certain nombre d'années, on ne voyait pas d'oiseaux dans les arrière-cours parce qu'il n'y avait pas d'arbres. » Aujourd'hui, Sudbury est la demeure du couple et des oiseaux. « Nous avons vécu dans d'autres villes industrielles. Les gens finissent toujours par les déserter. Mais à Sudbury, le reverdissement a incité les gens à embellir leur domicile. Sudbury est leur chez-soi permanent. »

Les faucons pèlerins, wapitis et cygnes trompette bénéficient du projet de reverdissement de Sudbury. La renaissance du paysage incite de grandes entreprises et des Sudburois dévoués à participer à la réintroduction de ces superbes créatures dans la région. Près d'un siècle après leur disparition, les wapitis s'épanouissent dans leur habitat traditionnel, au sud de Sudbury. Après 30 ans d'exil, trois couples de faucons pèlerins nichent dans les limites de Sudbury et les œufs de deux cygnes trompette ont éclos au printemps 2000.

Ailleurs, un couple a lancé le projet du lac Silver pour faire renaître ce lac détérioré en périphérie de Sudbury. Près de 30 ans après la construction de la supercheminée, bien peu d'organismes subsistent dans ce lac, mais l'expérience puisée d'un projet mené au lac Daisy a amené de l'eau au moulin. La pluie de même que la neige fondue, circulant dans les sols acides avant de s'écouler dans les cours d'eau, réduisent le pH à un niveau qui détruit tout sauf les espèces les plus résistantes. Le Comité consultatif technique de mise en valeur de la végétation a fourni une aide technique, du calcaire et plus de 500 arbres, ce qui a permis d'augmenter lentement le pH des sols autour du lac Silver et celui du lac lui-même. Chaque succès permet d'obtenir l'appui d'un autre voisin. Le retour des poissons, des grenouilles et d'autres espèces aquatiques indigènes dans le lac Silver est la plus belle récompense qui soit pour les bénévoles dévoués.

L'organisation Partir d'un bon pas pour un avenir meilleur sollicite également l'aide du public. En 1994, elle lance le Projet communautaire visant à préserver et à réhabiliter l'environnement dans les quartiers Moulin à fleur et Donovan. Selon son coordonnateur, le travail du Comité consultatif technique de mise en valeur de la végétation « accroît la capacité d'organisations telle la nôtre à travailler avec des bénévoles

Peregrine falcons have returned to the industrial landscape / Les faucons pèlerins font partie, à nouveau, du paysage industriel

Watching the success / Les preuves du succès

of wildlife that now live in the newly wooded areas. Before trees and grass returned to Sudbury he seldom encountered any wildlife. Now when he heads outdoors he sees moose, deer, bear, numerous species of birds and, on occasion, the growing elk population.

About 50 per cent of the barren and semi-barren lands targeted for treatment have been reclaimed. Partnerships extend well beyond the original arrangement between regional, provincial and federal governments, Laurentian University, the conservation authority and the mining companies. Inco's plantings add up to over three million trees, many of which were propagated nearly a mile underground in the Creighton Mine where the air temperature hovers around 25 degrees Celsius year round, making it an ideal greenhouse once artificial light is added. Falconbridge has established half a million trees on 700 hectares of barren lands that surround its smelter, and Alexander Centre Industries Ltd., a local company, boasts about the more than one million trees it has planted. As the new millennium dawned, the program's totals mounted: over 11 million trees have now been planted by VETAC, the community and industry.

locaux. » On trouve maintenant des milliers de pins blancs, d'épinettes blanches et de chênes rouges dans les crevasses remplies de terre qui fendillent le roc de la région. La majorité du travail s'est déroulé « sur la montagne » où les écoliers et la communauté ont travaillé d'arrache-pied.

Le Sudbury Naturalists Club a adopté un tronçon de trois kilomètres aux abords de routes et y plante 2 000 arbres tous les ans. L'un de ses membres souligne qu'on doit au programme de reverdissement l'augmentation notable du nombre d'animaux et d'espèces sauvages dans les nouveaux secteurs boisés. Avant la renaissance du paysage, on apercevait rarement des animaux. Maintenant, orignaux, chevreuils, ours, diverses espèces d'oiseaux et la population croissante de wapitis font partie du décor.

Plus de 25 pour cent des terrains stériles et 20 pour cent des terrains à demi stériles ciblés ont été réhabilités. Les partenariats vont bien au-delà des ententes initiales conclues entre les gouvernements régional, provincial et fédéral, l'Université Laurentienne, la Commission de Conservation et les compagnies minières. Quant à Inco, au fil des ans, elle a planté trois millions d'arbres dont bon nombre sont cultivés à près d'un mille sous terre, dans la Mine Creighton. La température de l'air y est d'environ 25 degrés à longueur d'année, ce qui en fait une serre idéale quand on y ajoute de la lumière artificielle. Falconbridge a planté 500 000 arbres sur 700 hectares de terrains dénudés autour de sa fonderie. Enfin, Alexander Centre Industries Ltd., une compagnie locale, est fière d'avoir planté plus de un million d'arbres jusqu'à présent. Le Comité consultatif technique de mise en valeur de la végétation, la communauté et les compagnies ont maintenant planté plus de onze millions d'arbres.

Pohlia Moss cascades over barren rock / *La pohlie pousse en cascade sur le roc stérile*

Northern flickers — waiting for mother / *Deux pics flamboyants attendent leur mère*

Wetlands abound / Les terres humides abondent

An island in a sea of green / *Une île au milieu d'un océan vert*

"While regreening efforts have been ongoing for several years and we are already seeing amazing results, it is the youth of the community who are now carrying the environmental torch." / *« Les efforts de reverdissement se poursuivent depuis de nombreuses années et nous en voyons déjà les résultats impressionnants. Or, les jeunes de notre communauté portent maintenant le flambeau environnemental. »*

JIM GORDON, MAYOR OF THE CITY OF GREATER SUDBURY / MAIRE DE LA VILLE DU GRAND SUDBURY, SUDBURY, ONTARIO, CANADA

The Legacy Lives On

Another 10 to 15 years of remedial work and five million trees should complete plans for the targeted barren and semi- barren land. VETAC's five-year plan, ending in 2003, calls for an effort that is as aggressive as anything that was undertaken in the 1970s and 1980s. Scientists continue to look for more effective means of accomplishing their goals: dormant seeding on snow in late winter, aerial seeding and liming, use of composted waste and ever more efficient field practices.

Field supervisors know exactly the right blend of limestone and fertilizer that is needed. They know what species of trees will grow where. They've perfected the art of moving tonnes of crushed limestone up steep slopes and "humping" it into hard to reach places where the stunted trees continue to die back a little more each year and acid-tolerant nodding Pohlia Moss, the only plant that thrives, bubbles up over the rock like green foam. They have learned to keep the work crews motivated by telling them the regreening story, training them to find permanent jobs and recognizing their contributions with barbecue suppers and plenty of thanks.

Members of VETAC are always on the lookout for new ways of involving the community and new partners in the regreening effort. "A Gift That Grows" is a community-based campaign that asks people who are celebrating birthdays, anniversaries, weddings, births or other similar events to make a donation to the Sudbury Tree Fund. It stems from the generosity of local funeral homes that donate $10 for each family they serve. Each donation more than pays for a tree that is planted as a living legacy in the Tom Davies Commemorative Forest. The excess accrues interest in the Sudbury Tree Fund. Once the capital has reached $2 million or existed for five years, it will become a sustainable funding source for future environmental projects in Sudbury.

Un environnement en héritage

D'ici dix à quinze ans, et après avoir planté encore cinq millions d'arbres, on s'attend à ce que la réhabilitation des terrains complètement stériles ou à demi stériles soit terminée. Le plan quinquennal du Comité consultatif technique de mise en valeur de la végétation, qui prend fin en 2003, prévoit qu'autant d'efforts seront déployés que dans les années 1970 et 1980. Les scientifiques continuent à chercher des moyens plus efficaces d'atteindre leurs objectifs, qu'il s'agisse de l'épandage de semences dormantes sur la neige vers la fin de l'hiver, de l'ensemencement et du chaulage par avion, de l'utilisation de déchets en compost ou de pratiques plus efficientes sur le terrain.

Les surveillants des activités sur le terrain savent bien quelles sont les proportions requises de calcaire et d'engrais. Ils savent quelles espèces d'arbres pousseront à tel endroit. Ils ont perfectionné l'art de déplacer sur des talus abrupts des tonnes de calcaire broyé et de les enfoncer dans des endroits quasi inaccessibles, où les arbres rabougris continuent à mourir d'année en année et où la pohlie, espèce de mousse tolérante à l'acide, solitaire, perce le roc. Ils ont appris à sans cesse motiver les équipes en leur racontant l'histoire de la renaissance du paysage, ils ont formé les travailleurs pour qu'ils trouvent un travail permanent et ils ont souligné leur contribution lors de barbecues et en les remerciant à profusion.

Les membres du Comité consultatif technique de mise en valeur de la végétation sont toujours à la recherche de nouvelles façons pour faire participer la communauté et les nouveaux partenaires à l'effort de reverdissement. « Un cadeau qui croît » est une campagne communautaire dans le cadre de laquelle on invite les gens à faire un don à la Fondation de l'arbre de Sudbury à l'occasion d'une naissance, d'un mariage, d'un anniversaire ou d'autres célébrations semblables. Les salons funéraires donnent généreusement 10 $ pour chacune des

The restoration effort provided the material for an instructive book that describes, in technical terms, what Sudbury has done and how it has been accomplished. Its editor recognizes that others can learn from Sudbury's experience. In *Restoration and Recovery of an Industrial Region,* he explained what prompted him to produce a book that is now included in libraries at hundreds of universities around the world. He writes: "With the world now facing the prospect of cleaning up horrendous 'Sudburys' in China, India, eastern Russia and elsewhere, a positive example of improved industrial technology and land and water reclamation techniques is badly needed."

Sudbury's story continues to be presented to technical and non-technical audiences on every continent. People from all walks of life visit Sudbury to see the achievement for themselves, while the advice of local reclamation experts is in demand the world over. Specialists from faraway places look to Sudbury for clues to solve their own reclamation dilemmas and municipal employees responsible for implementing this massive program help other agencies mobilize their communities.

Interestingly, when people from afar or close by study Sudbury's reclamation lessons, it's often the barrens preserve that fascinates them most. This 1,300-hectare untreated site of blackened rock devoid of vegetation lies just south of the old Coniston smelter. It will forever be a measure against which the regreening's success can be compared. It is also a reminder of how degraded the landscape had become, something especially important for Sudbury's youth who would otherwise have to study photographs and look through history books to view the old moonscape.

As the recipient of the 1992 United Nations Local Government Honours Award in Rio de Janeiro, Sudbury became known to the international environmental community. This recognition contributed to the

Intrepid ferns emerge in a woodland floor

Des fougères hardies émergent du sol forestier

familles éprouvées auxquelles ils offrent leurs services. Chaque don permet de payer un arbre planté pour les générations futures dans la Forêt commémorative Tom Davies, et bien davantage. Les surplus sont versés dans le Fonds de l'arbre de Sudbury, où ils accumulent de l'intérêt. Quand le capital aura atteint deux millions de dollars ou après cinq ans, il deviendra une source de financement renouvelable pour de futurs projets touchant l'environnement à Sudbury.

Les efforts de réhabilitation du paysage ont fait l'objet d'un livre riche en renseignements, qui décrit en termes techniques les réalisations de Sudbury et le chemin parcouru. Comme quoi d'autres peuvent tirer profit de l'expérience sudburoise. L'éditeur de *Restoration and Recovery of an Industrial Region* explique ce qui l'a incité à publier un livre faisant partie de centaines de bibliothèques universitaires du monde entier : « Puisque d'autres régions, dont la Chine, l'Inde, la Russie et l'Europe de l'Est risquent de devoir faire face à des désastres environnementaux comme à Sudbury, il faut de toute urgence présenter des exemples d'amélioration des technologies industrielles et des techniques de réhabilitation des sols et des cours d'eau. »

Aujourd'hui encore, on présente le cas de Sudbury à la population en général et à des spécialistes sur tous les continents. Des gens de tous les horizons se rendent à Sudbury pour constater les réalisations et, dans le monde entier, on fait appel aux experts qui ont participé au processus de réhabilitation des sols. Des spécialistes de partout cherchent des indices à Sudbury pour tenter de résoudre leurs dilemmes environnementaux; des employés municipaux responsables de la mise en œuvre de ce vaste programme aident d'autres organisations à mobiliser leur communauté.

Pourtant, ce qui fascine le plus les gens d'ici ou d'ailleurs qui se penchent sur les leçons de Sudbury, c'est le terrain stérile de

Two decades of success — reclaimed forest east of Sudbury. Results of the Land Reclamation Program
Vingt ans de réussites — forêt réhabilitée à l'est de Sudbury. Les résultats du programme de réhabilitation

Federation of Canadian Municipalities selecting Sudbury as one of two Canadian cities for a pilot project backed by the International Council for Local Environmental Initiatives. Sudbury's proven success at energy conservation and its plan to reduce greenhouse gas emissions through community actions will be showcased around the globe. Proponents of EARTHCARE Sudbury, as the initiative is called, hope to surpass their current forecast that the Region can reduce its energy use by 32 per cent, thereby saving local taxpayers $1 million or more per year.

Emanating from all this activity is the hope that Sudbury will one day become a centre of excellence for industrial restoration. If this were to happen, the world would have better access to the knowledge and skills that now reside in Sudbury. People could learn how to engage their local communities. Jobs would be created. People, both local and distant, would benefit and landscapes would heal.

Sudbury is one of the few places on the planet, notes one prominent resident, where our generation will pass on to our children an environment that is healthier than the one we inherited from our parents. The earthdancers' director remarks: "Anyone under the age of 35 isn't aware of how Sudbury was." It will be sweet irony when the opportunities brought about by the degraded landscape entice Sudbury's young people to stay and steward the piece of green Earth they inherit. Sweeter yet will be the day when a "Sudbury" comes to symbolize what a community can accomplish when it puts its collective mind, heart and soul into the healing process.

1 300 hectares, au sud de l'ancienne fonderie de Coniston, composé de roches noires et dénudé de toute végétation. Ce sera toujours un lieu où l'on pourra évaluer le succès du reverdissement. Il rappelle également à quel point le paysage était détérioré. Sans ce lieu, les jeunes Sudburois, en particulier, devraient s'en remettre à des photos ou à des livres d'histoire pour jeter un coup d'œil au paysage lunaire du passé.

À titre de lauréat de la Médaille du gouvernement local décernée par les Nations Unies en 1992, à Rio de Janeiro, Sudbury s'est fait connaître sur le plan environnemental à l'échelle internationale. C'est notamment pour cette raison que la Fédération canadienne des municipalités a choisi Sudbury comme l'une de deux villes où mener un projet pilote appuyé par le Conseil international pour les initiatives écologiques communales. Le succès de Sudbury en ce qui a trait à la conservation de l'énergie et son plan visant à réduire les émissions de gaz à effet de serre par un engagement communautaire sera à l'avant-scène dans le monde entier. Les promoteurs de ce projet, LA TERRE À CŒUR Sudbury, espèrent dépasser leurs prévisions actuelles selon lesquelles la région peut réduire sa consommation d'énergie de 32 pour cent, permettant ainsi aux contribuables locaux d'économiser au moins un million de dollars annuellement.

Que ressort-il de ces projets? Un souhait : qu'un jour, Sudbury devienne le centre par excellence du nettoyage des dégâts environnementaux causés par les industries. La terre pourrait ainsi mieux tirer profit des connaissances et des compétences des Sudburois. Ailleurs, on pourrait apprendre à mobiliser sa communauté locale. On créerait des emplois. Ici et là, tous profiteraient d'un processus de renaissance environnementale.

Au dire d'un Sudburois distingué, sa ville est l'un des rares endroits de la planète où notre génération léguera à nos enfants un environnement plus sain que celui dont elle a hérité. Le directeur de la troupe earthdancers note que « toute personne de moins de 35 ans ne sait pas de quoi Sudbury avait l'air ». Quelle douce ironie! Les occasions créées par le paysage détérioré de Sudbury inciteront un jour les jeunes à demeurer dans la région et à protéger le coin de pays verdoyant dont ils auront hérité. Un jour, Sudbury symbolisera les réalisations possibles d'une collectivité qui se prend en main, cœur et âme.

A stunning array of colours in a developing forest / *La palette éblouissante d'une forêt bourgeonnante*

Birch bark
L'écorce d'un bouleau

Boreal owl – a Sudbury winter visitor / La nyctale de Tengmalm – un visiteur hivernal de Sudbury

"When one pauses to think about this amazing change, one's mind finds it difficult to accept that so much has happened in such a short time. In recent years, the skyline has changed from the sharp dividing line between the Earth and sky caused by the undulating contours of the smooth rock hills, to a serrated saw toothed one due to the rapid growth of young conifers." / *« Quand on pense à ce changement extraordinaire, il est bien difficile de croire qu'une telle transformation se soit opérée en si peu de temps. Au cours des dernières années, l'horizon est passé d'une division marquée entre ciel et terre, résultat des contours ondulants des collines de roches lisses, à une ligne striée en dents de scie façonnée par la croissance rapide des jeunes conifères. »*

TOM PETERS, RETIRED AGRICULTURIST / SCIENTIFIQUE AGRICOLE RETRAITÉ , INCO LIMITED, SUDBURY, ONTARIO, CANADA

AFTERWORD
The Ultimate Lesson

Sudbury's ecological rehabilitation — some call it an ecological rebirth — is much more than a technological success story. To accomplish so much, a few intrepid Sudburians dared to tread where many more will have to go if the Earth is to prosper. Sudbury is learning that nature is humanity's best teacher. To heal the landscape, VETAC mimicked natural systems that have evolved over thousands of years. Rather than remove the tainted soil and start over again, as some technical experts advised, VETAC followed nature's lead. Now, some 30 years after the healing began, nature is taking over. Even the scientists involved with the effort are amazed at the outcome. A professor from Laurentian notes: "I really didn't grasp the magnitude of the change until I went out there about three years ago to take a series of photographs. There's more than humankind's hand at work."

Sudbury's growing population of birds and other wildlife wasn't introduced by the land reclamation program, nor was the spirit that now permeates all aspects of life in the community. These unexpected and delightful outcomes of the regreening process and, even more importantly, the interdependence of a healthy environment and a healthy community are what will make the regreening succeed. The program's outcome, it seems, is no longer entirely in the hands of those who put it in place. It has become part of the fabric that is now Sudbury. "We've learned that the ecosystem is not just the plants and animals, fungi and bacteria, it's people too," remarked one volunteer. He's involved with yet another new initiative in Sudbury that will see dozens, if not hundreds, more Sudburians of all ages become involved in the restoration of local lakes. He adds: "Healing our lakes will be another chapter of the Sudbury story. It's consistent with VETAC's expanded mission, too." Having progressed beyond simply restoring the environment, the committee now hopes to sustain and protect Sudbury's clean air, land and water.

POSTFACE
La leçon ultime

La renaissance écologique de Sudbury est bien plus qu'un cas de réussite technologique. Ce miracle est le fruit de la vision de quelques Sudburois intrépides qui ont osé ouvrir la voie à suivre si l'on veut assurer le bien-être de la Terre. Sudbury sait maintenant que la nature est le meilleur professeur de l'humanité qui soit. Pour faire renaître le paysage, le Comité consultatif technique de mise en valeur de la végétation s'est inspiré des systèmes naturels qui ont évolué au cours de milliers d'années. Au lieu d'enlever le sol contaminé et de recommencer à zéro, comme le préconisaient certains experts techniques, le comité s'est fié à la nature. Une trentaine d'années plus tard, le processus de renaissance en marche, la nature reprend ses droits. Même les scientifiques sont stupéfaits des résultats. Un professeur de l'Université le résume bien : « Je n'ai pas saisi l'ampleur du changement avant de sortir sur le terrain pour prendre des photos, il y a trois ans. Au-delà du travail des gens, la nature a fait son œuvre. »

Bien que la population croissante d'oiseaux et d'autres espèces sauvages, de même que l'optimisme qui imprègne la vie des Sudburois, aient été des conséquences inattendues du programme de réhabilitation des sols, ces heureux résultats, et encore plus, l'interdépendance d'un environnement sain et d'une communauté saine, feront du reverdissement une réussite. Selon toute apparence, les résultats du programme ne relèvent plus de ses pionniers. Ils font maintenant partie du tissu social à Sudbury. « Nous avons appris que les gens font partie de l'écosystème, au même titre que les plantes et les animaux, les champignons et les bactéries », affirme un bénévole. Comme des centaines de gens de tout âge, il participe à une nouvelle initiative de réhabilitation des lacs. « La réhabilitation de nos lacs constitue un autre chapitre de notre histoire, et elle est conforme à la mission d'expansion que s'est donnée le Comité consultatif technique de mise en valeur de la végétation. » Le comité souhaite maintenant protéger l'air pur, la terre et l'eau.

It's estimated that even with the boost given the environment through liming, seeding and tree planting some 200 years will pass before Sudbury's natural environment is truly healthy once again. Though this may seem a long time in this age of instant gratification, without assistance the same restoration would likely have taken 2,000 years. Hopefully, Sudbury is now safe from the forces that once encouraged humans to cut down trees and mine the land without regard for their impact on either the environment or the community's spirit. The devastation that resulted, combined with the regreening's success, teaches us that rather than looking to nature for what we can extract from it, we should look to natural systems for what we can learn from them. On the edge of a new science called biomimicry, Sudbury is taking inspiration from nature's models and designs to solve human problems. If Sudbury can do it, so too can other communities throughout the world.

In the end, Sudbury's ultimate lesson is that if you follow nature's example and heal the landscape, the community heals too.

Day's end

Une journée se termine

Malgré le coup de pouce qu'a reçu l'environnement grâce au chaulage, à l'ensemencement et à la plantation d'arbres, on estime qu'il faudra plus de 200 ans avant que la santé de l'environnement naturel de Sudbury ne soit parfaitement rétablie. L'attente sera longue, certes, mais sans le programme de réhabilitation, il aurait fallu attendre 2 000 ans. Souhaitons que Sudbury soit désormais à l'abri de l'exploitation sauvage des forêts et des mines, qui a eu un impact dévastateur sur l'environnement et l'esprit communautaire. La dévastation, tout comme le succès du programme de reverdissement, est porteuse de sagesse : n'essayons pas d'extraire quelque chose de la nature, mais plutôt d'en tirer une leçon. Une nouvelle science se pointe à l'horizon, le biomimétisme, selon laquelle Sudbury s'inspire des modèles de la nature pour résoudre des problèmes humains. D'autres communautés peuvent en faire autant.

En fin de compte, Sudbury a démontré qu'en suivant l'exemple de la nature et en faisant renaître le paysage, c'est une communauté entière qui renaît de ses cendres.

Lake Wanapitei — the largest of 219 lakes in Sudbury / Le lac Wanapitei — le plus vaste des 219 lacs sudburois

Dragonfly dappled by morning dew / Une libellule aspergée de rosée

Tree stumps — sentinels of the lily pond / *Des souches d'arbres — sentinelles de l'étang de nénuphars*

Spring cascades
Cascade printanière

"Nature's resilience never ceases to amaze me. After years of bleakness, Sudbury's landscape has come full circle returning to the magnificence and beauty of days gone by." / *« La résistance de la nature ne cesse de m'émerveiller. Après des années de désolation, le paysage sudburois a retrouvé sa splendeur et sa beauté d'autrefois. »*

ENZO FLOREANI, SUDBURY MASTER GARDENERS, SUDBURY, ONTARIO, CANADA

Fern wreath among Sheep Laurel / *Une couronne de fougères entourée de kalmies à feuilles étroites*

Scouts and other volunteer groups, encouraged by Sudbury's new, greener look, plant thousands of seedlings each year
Encouragés par la nouvelle apparence de Sudbury, des scouts et d'autres groupes bénévoles plantent des milliers de semis chaque année

Persistence. An old maple hugs the blackened rock / *La ténacité : Un vieil érable étreint le roc noirci*

"This history of mining communities is that they rarely make their own decisions or control their own destinies. But Sudbury did. It found a way to take control of the one thing it needed to improve living here, and set an example for the rest of the world." / *« Jusqu'à présent, rares sont les communautés minières qui ont pris leurs propres décisions et qui ont été maîtresses de leur destinée. À cet égard, Sudbury s'est distingué des autres en prenant en main la chose dont il avait besoin pour améliorer la qualité de vie, et a servi de modèle à suivre pour le reste du monde. »*

MIKE WHITEHOUSE, JOURNALIST / JOURNALISTE, SUDBURY, ONTARIO, CANADA

Morning mist / Brume matinale

A quilt of autumn leaves disintegrates and enriches the soil

Une toile de feuilles d'automne se décompose pour enrichir le sol

A mirror of Pickerel Weed / *Reflet de pontédéries cordées*

A blackberry leaf under dew-covered spider web
Une feuille de mûrier sauvage sous une toile d'araignée recouverte de rosée

"In the late 1970s and early 1980s my children, through Cubs and then school, planted a variety of trees (mainly pines). My youngest still visits 'his pine' to monitor its growth." / *« À la fin des années 1970 et au début des années 1980, mes enfants ont planté une variété d'arbres (surtout des pins) dans le cadre de leurs activités de louveteaux, puis avec l'école. Mon plus jeune visite encore "son pin" pour en surveiller la croissance. »*

SUE BRIERLEY, FALCONBRIDGE AREA BEAUTIFICATION COMMITTEE / COMITÉ D'EMBELLISSEMENT DE LA RÉGION DE FALCONBRIDGE, FALCONBRIDGE, ONTARIO, CANADA

A maple leaf — Canada's emblem / *Une feuille d'érable — l'emblème du Canada*

Nature's passage / *Des traces d'hiver*

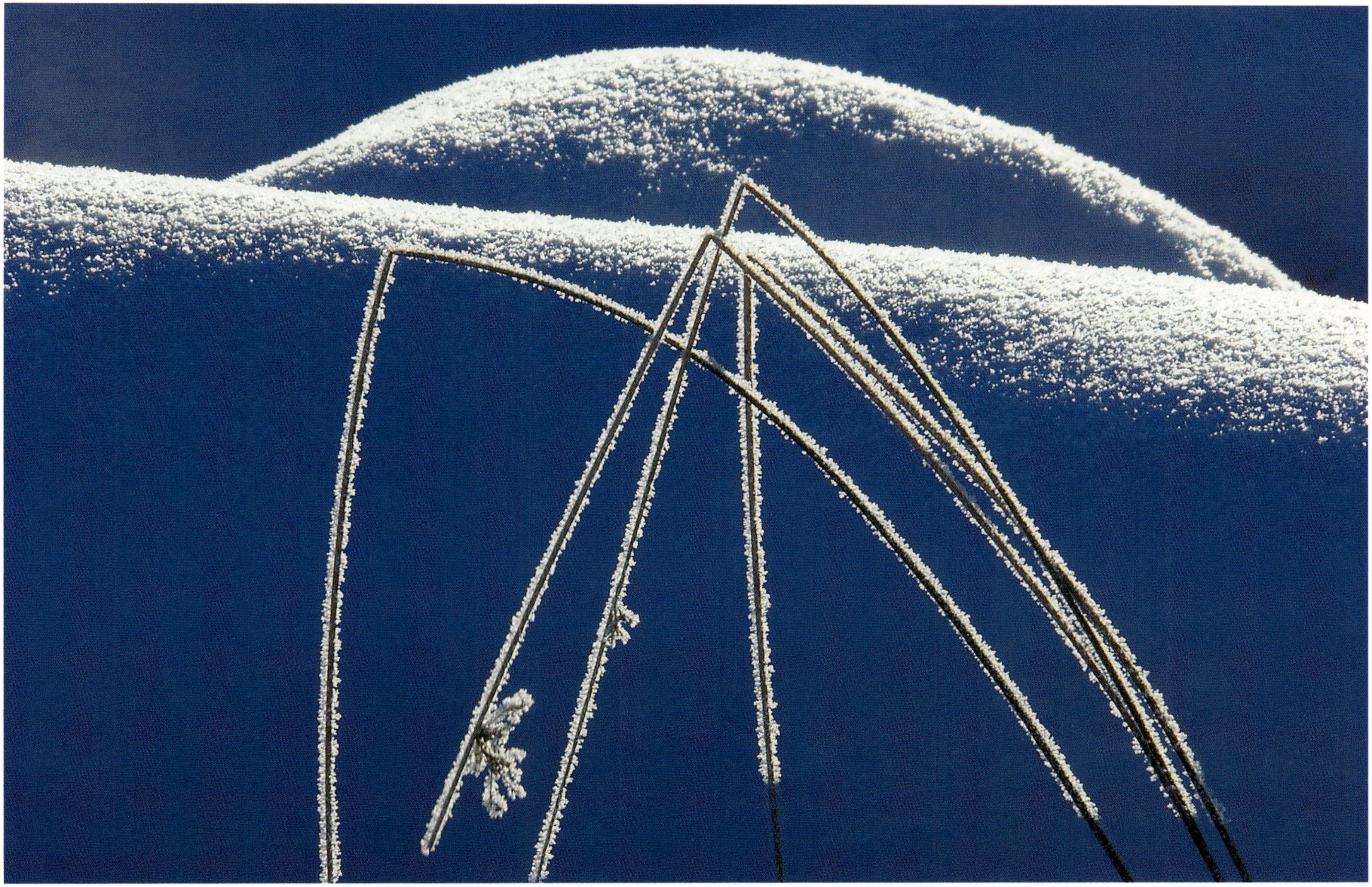

Winter's artistry / L'hiver fait son œuvre

Spring thaw reveals ripples of birch trees / Un reflet de bouleaux dans le miroir ondulant de la fonte printanière

ADDENDUM

Much has happened since 'Healing the Landscape' *was first released in 2001.*

In 2002, Dr. Jane Goodall visited Greater Sudbury inspiring even greater local commitment to community improvement: "As one of the world's greatest reclamation success stories, Sudbury's regreening is worth celebrating and I congratulate everyone in their efforts to make their home a healthier place. I am delighted to know that my Roots & Shoots Program and the Jane Goodall Reclamation Trail are integral parts of Sudbury's inspiring story".

The Jane Goodall Reclamation Trail, named in honour of Dr. Goodall's 2002 visit, is a showcase for Greater Sudbury's environmental rebirth. A diverse plant community is flourishing on once barren hills of rock and the sounds of birds and insects now fill the air where once only deafening silence prevailed.

Inspired by the success of regreening efforts, an environmental awakening has taken hold of Greater Sudbury.

EarthCare Sudbury, a unique community-based partnership for sustainability, now counts almost 100 Partners from industry, government, and non-governmental organizations. EarthCare Sudbury released the community's first Local Action Plan (LAP) in 2003 containing a number of goals and objectives for Partners to strive for in making Greater Sudbury a sustainable community. EarthCare Sudbury's efforts are complemented by the Greater Sudbury Environmental Network, a collective of grassroots environmental groups.

In 2006, the City of Greater Sudbury Council approved its Healthy Community Strategy and appointed members to the newly formed Healthy Community Cabinet. Through the Cabinet's efforts, the following year the City was recognized by the United Nations University as a 'Regional Centre of Expertise' (RCE) on education for sustainable development. As a RCE, the City, through its Healthy Community Cabinet, will build innovative community partnerships for healthy lifestyles, economic growth, civic engagement/social capital and natural environment. As an example, Rainbow Routes Association is facilitating a healthy lifestyle by coordinating the development of the 100 km section of the Trans Canada Trail through the City.

The City's Regreening Program has also adapted to evolving circumstances. New partnerships have been forged and old ones renewed to help strengthen the local commitment to regreening. Since 1999, the Junction

ADDENDA

Bien de l'eau a coulé sous les ponts depuis la première édition d'*Un paysage en renaissance* en 2001.

En 2002, Jane Goodall s'est rendue dans le Grand Sudbury, ce qui a suscité une grande adhésion à l'amélioration communautaire. « Puisque l'une des plus grandes histoires à succès en matière de réhabilitation des sols s'est produite à Sudbury, ses activités de reverdissement méritent d'être soulignées. Je vous félicite tous d'avoir fait de votre région un endroit plus sain. Je suis ravie que mon programme *Racines et bourgeons* et le Sentier de réhabilitation Jane Goodall fassent partie intégrante de l'histoire inspirante de Sudbury. »

Le Sentier de réhabilitation Jane Goodall, nommé ainsi pour souligner la visite de Mme Goodall en 2002, illustre le renouveau environnemental du Grand Sudbury. Diverses plantes y fleurissent sur ce qui était auparavant des collines dénudées, et les sons d'oiseaux et d'insectes sont omniprésents tandis qu'auparavant, le silence complet s'imposait.

La réussite des activités de reverdissement a suscité une prise de conscience environnementale dans le Grand Sudbury.

Terre à cœur Sudbury est un partenariat communautaire unique axé sur la durabilité qui compte près de 100 membres issus de l'industrie, du secteur gouvernemental et des organismes non gouvernementaux. Terre à cœur Sudbury a publié son premier plan d'action local en 2003; on y trouvait des objectifs pour ses partenaires afin de faire du Grand Sudbury une collectivité durable. À cela s'ajoute le Réseau environnemental du Grand Sudbury qui rassemble des groupes environnementaux locaux.

En 2006, le Conseil de la Ville du Grand Sudbury a approuvé la Stratégie sur les communautés en santé et a nommé les membres du nouveau cabinet Communauté en santé. Grâce au travail de ce dernier, l'année suivante, l'Université des Nations Unies a fait de la ville un centre régional d'expertise sur l'éducation en matière de développement durable. À ce titre, par l'entremise du cabinet Communauté en santé, la Ville établira des partenariats communautaires innovateurs axés sur des modes de vie sains, la croissance économique, l'engagement civique et le capital social ainsi que sur l'environnement naturel. Par exemple, l'Association des Routes de l'arc-en-ciel contribue à un mode de vie sain en coordonnant l'aménagement d'un tronçon de 100 km du Sentier transcanadien dans toute la ville.

Creek Stewardship Committee, with the assistance of the City's Regreening crews, has limed several hectares and planted thousands of tree seedlings in the Junction Creek watershed. This once highly degraded urban creek system has improved to the point that it now supports brook trout.

The Sudbury earthdancers continue to generously donate proceeds from its performances to the regreening efforts. Tree Canada, a leader in promoting the value of urban forests in Canada, has provided over 3 million tree seedlings that were planted in Greater Sudbury. Recently, the Lifford Wine Agency, working with Tree Canada, has donated a portion of the proceeds from the sale of its plantatree™ wines to Greater Sudbury's regreening efforts.

Greater Sudbury's regreening story continues to be shared with a host of audiences. Youth involvement in regreening include Roots and Shoots events, the annual Regional Heritage Fair, World Youth Day 2002, the 2006 Ontario Envirothon and the myriad of school and university groups that, each year, express a desire to participate in regreening. For academic audiences, the Sudbury Mining and the Environment International Conference, held in 2003 and 2007, brings industry, government and scientific visitors from around the world to share their regreening knowledge.

In 2004, VETAC's Urban Landscape subcommittee was formed to help beautify the built environment. Responding to pleas from children in the community, the subcommittee started the 'Ugliest Schoolyard Contest' in 2005 to inject beauty and function into otherwise barren schoolyards. Open to all local schools, the contest garners the enthusiastic support of dozens of local

Additional Awards received / Autres prix reçus

2001: Finalist Award Certificate for the Bremen Partnership Award
certificat de finaliste au Prix du partenariat de Brême
2001: Alberta Society of Professional Biologists Peggy Thompson Publication Award
Prix de publication Peggy-Thompson de l'Alberta Society of Professional Biologists
2002: Tom Peters, one of VETAC's original members who passed away in 2007 received the Pioneer in Reclamation Award from the American Society of Mining and Reclamation.
Tom Peters, l'un des membres originaux du VETAC qui est décédé en 2007 a reçu le prix du pionnier en réhabilitation de l'American Society of Mining and Reclamation
2003: Bill Lautenbach of the City of Greater Sudbury received the Dr. Edward M. Watkin Award from the Canadian Land Reclamation Association.
l'Association canadienne de réhabilitation des sites dégradés (ACRSD) a décerné le prix Edward M. Watkin à Bill Lautenbach de la Ville du Grand Sudbury.
2003: The Sudbury 2003 Mining and the Environment Committee awarded a Certificate of Recognition to VETAC
Le comité de Sudbury 2003 — Exploitation minière et environnement a décerné un certificat de reconnaissance au VETAC
2008: Community Builders Award of Excellence — Environment
le prix d'excellence du bâtisseur communautaire dans la catégorie « environnement »

Le programme de reverdissement municipal a aussi été adapté aux circonstances évolutives. De nouveaux partenariats ont été créés et d'anciens ont été renouvelés afin d'aider à raffermir l'attachement local au reverdissement. Depuis 1999, avec l'appui des équipes municipales de reverdissement, le Comité d'intendance du ruisseau Junction a chaulé bien des hectares et planté des milliers de semis d'arbres dans le bassin hydrographique du ruisseau Junction. Par conséquent, on trouve maintenant des truites mouchetées dans le système de ce ruisseau urbain auparavant terriblement dégradé.

Les *Sudbury earthdancers* continuent à donner les recettes de leurs performances aux activités de reverdissement. Chef de file de la promotion de la valeur des forêts urbaines au Canada, ArbresCanada a offert plus de trois millions de semis d'arbres qui ont été plantés dans le Grand Sudbury. Récemment, en collaboration avec le même organisme, la Lifford Wine Agency a donné une partie des recettes provenant de la vente de ses vins plantatree^MC aux activités de reverdissement du Grand Sudbury.

Le récit du reverdissement de Sudbury est toujours transmis à bien des auditoires. Notons la participation des jeunes aux activités du programme Racines et bourgeons, à la Fête du patrimoine régionale annuelle, à la Journée mondiale de la jeunesse 2002, à Envirothon Ontario 2006 et une foule de groupes à l'école ou à l'université qui, chaque année, veulent participer aux activités de reverdissement. D'autres activités s'adressent aux théoriciens et aux chercheurs. Pensons à la Conférence internationale de l'industrie minière et de l'environnement qui a eu lieu en 2003 et en 2007 et qui a rassemblé des

Regreening the Cambrian Heights area / Reverdissement dans la zone de Cambrian Heights
Photos 1-3: Keith Winterhalder, photo 4: City of Greater Sudbury / Ville du Grand Sudbury.

businesses. At first limited to one schoolyard makeover per year, the subcommittee has been able to expand its efforts to five schoolyards per year through significant sponsorship from the local operations of the mining company — Xstrata Nickel (formerly Falconbridge Ltd.).

No longer seen as simply a community improvement initiative, 30 years later regreening is attempting to restore entire watersheds. Planting trees in the watershed helps decrease erosion and flooding by capturing rainwater and releasing it slowly to creeks, rivers and lakes. Regreening of watersheds combined with the efforts of dozens of lake stewardship groups, the City's Lake Water Quality Program, and the Co-operative Freshwater Ecology Unit, housed at Laurentian University, is helping to secure the health of many of the City's 330 lakes.

Watershed regreening has proceeded in great strides helped by the expansion of Vale Inco's (formerly Inco) aerial liming efforts, which treat approximately 150 ha of land per year. Once treated, the land is ready for tree planting by the City's regreening crews. Vale Inco has also recently undertaken the gargantuan task of terracing and regreening its extensive slag fields. Likewise, Xstrata Nickel has extensively regreened its lands and planted tens of thousands of trees.

But healing the landscape is more than just spreading limestone, fertilizer and seed and planting trees. These important steps only help initiate the very long process that will lead to the recovery of self-sustaining forest ecosystems in Greater Sudbury. These forests will need to eventually be inhabited by all the plants and creatures that make up a healthy ecosystem. But it may take centuries for natural colonization to increase plant and animal diversity to levels found in forests outside of the impacted zone.

Regreening St. David School / Reverdissement de l'école St. David
Photos: Wayne Hugli

Regreening Accomplishments

Action	Total to the end of 2000 (1st edition of *Healing the Landscape*)	Total to the end of 2007
Area Limed	3294 ha	3392 ha
Area Fertilized	3135 ha	3194 ha
Area Seeded	3015 ha	3121 ha
Trees Planted	6,050,897	8,830,695
Shrubs Planted	35,570	43,427
Money Spent	$20 million	$24 million

Réalisations de reverdissement

Mesure	Total à la fin de 2000 (Première édition d'*Un paysage en renaissance*)	Total à la fin de 2007
Superficie chaulée	3294 ha	3392 ha
Superficie engraissée	3135 ha	3194 ha
Superficie semée	3015 ha	3121 ha
Arbres	6 050 897	8 830 695
Arbustes et arbrisseaux plantés	35 570	43 427
Dollars investis	20 millions	24 millions

membres de l'industrie, le secteur gouvernemental et des scientifiques du monde entier afin d'échanger leurs connaissances en matière de reverdissement.

En 2004, le Sous-comité du paysage urbain de VETAC a été mis sur pied afin d'appuyer l'embellissement du milieu bâti. À la demande d'enfants de la communauté, en 2005, ce sous-comité a lancé le Concours de la cour d'école la plus laide afin d'embellir et de rendre plus fonctionnelles des cours d'école dénudées. Toutes les écoles locales de la région peuvent y participer, et il est appuyé avec enthousiasme par une dizaine d'entreprises locales. Au début, l'objectif était de refaire une cour d'école par année, mais depuis, les projets d'embellissement se sont étendus à cinq cours par année grâce à l'appui important des opérations locales de la compagnie minière Xstrata Nickel (l'ancienne compagnie Falconbridge Limitée).

Trente ans après les premiers projets, on ne perçoit plus uniquement le reverdissement comme une initiative d'amélioration communautaire, mais comme une façon de restaurer des bassins hydrographiques entiers. En y plantant des arbres, on aide à diminuer l'érosion et les inondations puisque l'eau de pluie est ainsi captée puis relâchée lentement dans les ruisseaux, les rivières et les lacs. Le reverdissement des bassins hydrographiques et les efforts de dizaines de groupes d'intendance des lacs, le Programme de la qualité des eaux lacustres de la Ville et l'Unité conjointe d'écologie de l'eau douce, située à l'Université Laurentienne, aident à garantir que bon nombre des 330 lacs de la ville sont en bon état.

Le reverdissement des bassins hydrographiques a fait d'importants progrès grâce au chaulage aérien étendu mené par Vale Inco (l'ancienne compagnie Inco) qui permet de traiter environ 150 ha par année. Les équipes municipales de reverdissement peuvent ensuite y planter des arbres. Vale Inco a récemment entrepris la construction de terrasses et le reverdissement de grands terrains de scories, une tâche gigantesque. De même, Xstrata Nickel a reverdi ses terrains et y a planté des dizaines de milliers d'arbres.

The low number of plant species currently growing on Sudbury area hillsides can have serious negative effects, such as making the developing forests more susceptible to major disruption by insect or disease outbreaks.

The Regreening Program has undertaken a number of steps to help speed the recovery process. It has diversified the trees and shrubs planted to include species like sugar maple, yellow birch, mountain maple, beaked hazel, wild raisin, elderberry and many others typical of the area's surrounding forests. Partnerships have been formed with mining companies to salvage portions of forest floor vegetation from areas to be stripped for mine exploration. Small forest floor 'mats', containing a diversity of forest plants, are hand dug and transplanted to formerly damaged areas. After a couple of years, wild flowers such as bunchberry, starflower and wintergreen are spreading and adding diversity to the developing forests.

But, what other factors, if any, are preventing the recovery of a self-sustaining forest ecosystem? That is one of the questions to be answered by the Sudbury Soils Study, one of the world's most comprehensive human health and ecological risk assessments. This peer-reviewed Study, which is jointly funded by Vale Inco and Xstrata Nickel, will help refine future regreening efforts.

Regreening in Greater Sudbury will continue for many years to come. Complementing these efforts is an ever-expanding array of environmental and community initiatives that is making Greater Sudbury a sustainable and healthy community. In celebrating 125 years, Greater Sudbury has much to be proud of.

Regreening the Martindale area / Reverdissement dans la zone de Martindale
Photos 1-3: Keith Winterhalder, photo 4: David Pearson

Mais pour assister à la renaissance d'un paysage, il faut plus qu'épandre du calcaire, des fertilisants, ensemencer, et planter des arbres. Ces étapes importantes aident uniquement à amorcer le très long processus menant au rétablissement d'écosystèmes forestiers autonomes dans le Grand Sudbury. Ultimement, il faudra que ces forêts soient habitées par les plantes et les créatures faisant partie d'un écosystème sain. Mais il pourrait s'écouler des siècles avant que la colonisation naturelle augmente la diversité végétale et animale au niveau existant dans les forêts à l'extérieur de la zone touchée. Il y a présentement peu d'espèces végétales qui croissent sur les collines de la région de Sudbury, ce qui peut avoir des effets négatifs, par exemple en rendant les forêts en croissance plus susceptibles d'être touchées énormément par des éclosions d'insectes ou de maladies.

Le Programme de reverdissement a entrepris des démarches pour accélérer le processus de rétablissement. On a ainsi diversifié les essences d'arbres et d'arbustes plantés afin d'y ajouter de l'érable à sucre, du bouleau jaune, de l'érable à épis, du noisetier à long bec, de la viorne cassinoïde, du sureau et bien d'autres essences propres aux forêts de la région. Des partenariats ont été conclus avec les compagnies minières afin de sauver des portions de la couverture végétale des secteurs à dégarnir à des fins d'exploration minière. On creuse à la main dans les petits « tapis forestiers » qui contiennent diverses plantes forestières et on les transplante dans des secteurs auparavant endommagés. Après quelques années, des fleurs sauvages comme le quatre-temps, la trientale boréale et le thé des bois s'y répandent et diversifient les forêts en croissance.

Cependant, le cas échéant, quels autres facteurs empêchent-ils le rétablissement d'un écosystème forestier autonome? C'est l'une des questions auxquelles devra répondre l'*Étude des sols sudburois*, dans le cadre de laquelle on mène l'une des évaluations des risques écologiques et à la santé humaine les plus complètes qui soient. Cette étude révisée par des pairs, financée par Vale Inco et Xstrata Nickel, aidera à améliorer les activités de reverdissement.

Le reverdissement dans le Grand Sudbury se poursuivra pendant encore bien des années. S'y ajoutent aussi de plus en plus d'initiatives environnementales et communautaires qui continueront à faire font de la région une communauté durable et en santé. À l'occasion des célébrations de son 125e anniversaire, le Grand Sudbury a vraiment de quoi être fier.

"Old White Pine stumps set against a restored green landscape is a reminder of what human will and spirit can accomplish."
« De vieilles souches de pins blancs font contraste avec le paysage réhabilité en arrière-plan
— un rappel de ce que la volonté et le courage humains permettent d'accomplir. »
TESS ACKLAND, PROJECT COORDINATOR – *HEALING THE LANDSCAPE* / COORDONNATRICE DU PROJET – *UN PAYSAGE EN RENAISSANCE*, SUDBURY, ONTARIO, CANADA

Appendix I / Annexe I

Region of Sudbury Land Reclamation accomplishments to 2000

- 3,300 hectares limed, fertilized, seeded (56.5 per cent potential)
- 16,400 hectares planted with trees (55.7 per cent potential)
- 6 million trees planted
- $20 million spent

Les réalisations de la réhabilitation du paysage dans la région de Sudbury jusqu'en 2000

- réhabilitation de 3 300 hectares de terrains stériles (soit 56,5 pour cent du total des terres)
- 16 400 hectares de terres reboisées (55,7 pour cent du total)
- 6 millions d'arbres plantés
- 20 millions de dollars investis

Awards received

1986: Ontario Horticultural Association's Community Improvement Award

1990: Arboricultural Award of Merit from the International Society of Arboriculture Ontario Inc., the Lieutenant Governor's Conservation Award from the Council of Ontario and a Government of Canada Environmental Achievement Award

1992: United Nations Local Government Honours Award and the United States Chevron Award

1995: Model Project Award presented by the Society for Ecological Restoration

1997: Elaine Burke Memorial Award presented by Active Living

Prix reçus

1986 : le prix soulignant l'amélioration des communautés (Community Improvement Award) décerné par la Ontario Horticultural Association

1990 : Prix du mérite arboricole de la Société internationale d'arboriculture Ontario Inc., Prix du lieutenant-gouverneur pour la conservation de l'environnement décerné par le Conseil ontarien et Prix d'excellence environnementale du Gouvernement du Canada

1992 : Médaille du gouvernement local décernée par les Nations Unies et Prix Chevron des États-Unis

1995 : Prix du meilleur projet pilote (Model Project Award) décerné par la Society for Ecological Restoration

1997 : Prix Elaine Burke décerné dans le cadre du Programme sur la vie active et l'environnement

The Work Crew Recipe

What is needed for a standard team of 50 workers: One school bus, one van, two trucks, 25 liming shovels, 50 planting bags, spades and goggles, 20 cyclone seeders, 20 buckets, two cases of sunscreen, a case each of toilet paper and dust masks, goodwill and a firm belief in the importance of the project.

La recette du succès

Le matériel requis pour une équipe de 50 personnes : un autobus scolaire, une fourgonnette, deux camions, 25 pelles à chaulage, 50 sacs pour l'ensemencement, bêches et paires de lunettes de sécurité, 20 semoirs-cyclone, deux caisses d'écran solaire, une caisse de papier hygiénique et une autre de masques antipoussières, de la bonne volonté et une croyance inébranlable en l'importance du projet.

Appendix II / Annexe II

Environmental successes

- Soil erosion has decreased.
- Less sediment in streams, decrease in metals in water and less acidic run-off.
- The reclaimed landscape supports a mosaic of vegetation communities.
- There has been rapid colonization of treated sites by herbs and woody species. Over 50 species of plants have colonized the area and biodiversity is increasing.
- Decomposition and nutrient cycling occurs.
- Red Pine and Jack Pine have the highest survival rates and are the most vigorous of the planted trees.
- Surface soil pH shifted from very acidic before treatment to moderately acidic following treatment.
- Plants and animals in reclaimed areas show near-normal metal levels.
- The number of insects, birds and some mammals has increased in reclaimed areas.
- These initial findings bode well for ultimately achieving a self-sustaining biological system requiring little maintenance. However, so far not all species typical of the forest outside Sudbury have returned.

The Basic Regreening Recipe

Amount of lime added:
10 tonnes per hectare
of crushed dolomitic limestone

Amount of fertilizer added:
6-24-24 (NPK) at 400 kg/ha

Seed mixture: at 40 kg/ha
Grasses (75%):
1. Red Top (*Agrostis gigantea*)
2. Red Fescue (*Festuca rubra*)
3. Timothy (*Phleum pratense*)
4. Canada Bluegrass (*Poa compressa*)
5. Kentucky Bluegrass (*Poa pratensis*)

Legumes (25%):
1. Bird's Foot Trefoil (*Lotus corniculatus*)
2. Alsike Clover (*Trifolium hybridum*)

Trees planted (major species):
1. Jack Pine (*Pinus banksiana*)
2. Red Pine (*Pinus resinosa*)
3. White Pine (*Pinus strobus*)
4. White Spruce (*Picea glauca*)
5. Black Spruce (*Picea mariana*)
6. White Cedar (*Thuja occidentalis*)
7. Larch (*Larix laricina*)
8. Northern Red Oak (*Quercus rubra*)
9. Black Locust (*Robinia pseudoacacia*)

Un paysage en renaissance : recette de base

Quantité de calcaire :
10 tonnes de calcaire
dolomitique broyé par hectare

Quantité d'engrais :
6-24-24 (NPK) — 400 kg/ha

D'herbes mixtes : — 40 kg/ha
Semences (75 %) :
1. Agrostide blanche (*Agrostis gigantea*)
2. Fétuque rouge (*Festuca rubra*)
3. Fléole des prés (*Phleum pratense*)
4. Pâturin comprimé (*Poa compressa*)
5. Pâturin des prés (*Poa pratensis*)

Légumineuses (25 %) :
1. Trèfle cornu (*Lotus corniculatus*)
2. Trèfle d'alsike (*Trifolium hybridum*)

Arbres (espèces principales) :
1. Pin gris (*Pinus banksiana*)
2. Pin rouge (*Pinus resinosa*)
3. Pin blanc (*Pinus strobus*)
4. Épinette blanche (*Picea glauca*)
5. Épinette noire (*Picea mariana*)
6. Cèdre de l'est (*Thuja occidentalis*)
7. Mélèze (*Larix laricina*)
8. Chêne rouge (*Quercus rubra*)
9. Robinier faux-acacia (*Robinia pseudoacacia*)

Les succès environnementaux

- L'érosion des sols a diminué.
- Il y a réduction de la quantité des sédiments dans les cours d'eau, de métaux dans l'eau et d'écoulement acide.
- Les terres réhabilitées abritent une mosaïque de végétation.
- De l'herbe et des espèces ligneuses se sont rapidement enracinées dans les sites traités. On trouve dans la région plus de 50 espèces végétales et la biodiversité s'accroît sans cesse.
- Le processus de décomposition et le cycle des substances nutritives suivent leur cours.
- Parmi les arbres plantés, les pins rouges et les pins gris ont le taux de survie le plus élevé et sont les plus vigoureux.
- Le pH du sol de surface était très acide avant le traitement; après le traitement, il est devenu modérément acide.
- Les taux de métaux que contiennent les plantes et les animaux dans les endroits réhabilités sont près de la normale.
- Le nombre d'insectes, d'oiseaux et de certains mammifères a augmenté dans les endroits réhabilités.
- Ces résultats sont de bon augure pour qu'au bout du compte soit créé un système biologique renouvelable qui n'exige que peu d'entretien. Cependant, à ce jour, toutes les espèces typiques aux forêts de Sudbury n'ont pas encore repris leur place dans leur environnement naturel.

Appendix III / Annexe III

Photographers – Location / Photographes – Lieux photographiés

FRONT COVER / COUVERTURE AVANT :
Don Johnston — Walden
PAGE 3 Don Johnston — Copper Cliff
PAGE 5 *Top/en haut:* Inco Limited — Copper Cliff (circa 1980s). *Bottom/au bas:* Mike Grandmaison — Whitefish
PAGE 10 Don Johnston — Walden
PAGE 11 Don Johnston — Copper Cliff
PAGE 12 Mike Grandmaison — Lively
Don Johnston — Naughton
PAGE 13 Don Johnston — Mikkola Road/chemin Mikkola,
PAGE 14 Don Johnston — Howey Drive/ promenade Howey, Ramsey Lake/ lac Ramsey, Sudbury
PAGE 15 Don Johnston — Junction Creek/ crique Junction, Sudbury
PAGE 16 Mike Grandmaison — Daisy Lake/lac Daisy, Sudbury
PAGE 17 Mike Grandmaison — Sudbury
PAGE 18 Mike Grandmaison — Lively
PAGE 19 Don Johnston — Kelly Lake/lac Kelly, Sudbury
PAGE 20 Mike Grandmaison — Hannah Lake/lac Hannah, Sudbury
PAGE 21 Don Johnston — Whitefish
PAGE 22 Don Johnston — Walden
PAGE 23 Don Johnston — Gibson Road/chemin Gibson
PAGE 24 Jesuites, University of Sudbury/ Université de Sudbury — Downtown/Centre Ville, Sudbury (after/vers 1884)
PAGE 26 Inco Limited — Murray Mine, Sudbury (1890)
PAGE 27 Sudbury Public Library — Bigwood Lake/lac Bigwood, northwest of/au nord-ouest de Capreol (1910)
PAGE 28 Inco Limited — Walden (1916)
PAGE 29 Don Johnston — Copper Cliff
PAGE 30 Don Johnston — Jarvi Road/chemin Jarvi
PAGE 31 Don Johnston — Sudbury
PAGE 32 Don Johnston — Walden
PAGE 33 Don Johnston — Copper Cliff
PAGE 34 Don Johnston — Kelly Lake/lac Kelly, Sudbury
PAGE 35 Don Johnston — Kelly Lake/lac Kelly, Sudbury
PAGE 36 Don Johnston — Coniston
PAGE 38 Don Johnston — Coniston
PAGE 39 Don Johnston — Kelly Lake/lac Kelly, Sudbury
PAGE 41 Don Johnston — Copper Cliff
PAGE 42 Don Johnston — Naughton
PAGE 43 Mike Grandmaison — Copper Cliff
PAGE 44 Mike Grandmaison — Ramsey Lake/lac Ramsey, Sudbury
PAGE 46 Don Johnston — Walden
PAGE 47 Mike Grandmaison — Coniston
PAGE 48 *Top/en haut:* NASA (National Aeronautics and Space Administration)/ Laurentian University Department of Geography/département de géographie de l'Université Laurentienne, Sudbury Basin/ bassin de Sudbury (1986)
Bottom/au bas: Guy Gionet (2000)
PAGE 49 Don Johnston — Falconbridge
PAGE 50 Don Johnston — Walden
PAGE 51 Don Johnston — Walden
PAGE 52 Don Johnston — Gibson Road/chemin Gibson
PAGE 53 Don Johnston — Lively
PAGE 54 Don Johnston — Copper Cliff
PAGE 55 Mike Grandmaison — Tilton Lake/lac Tilton, Sudbury
PAGE 56 Don Johnston — Lake Laurentian Conservation Area/Aire de conservation du lac Laurentien, Sudbury
PAGE 57 Don Johnston — Jarvi Road/chemin Jarvi
PAGE 58 Don Johnston — Copper Cliff
PAGE 60 Don Johnston — Highway 17 West/ route 17 Ouest, Sudbury
PAGE 61 Don Johnston — Ramsey Lake/lac Ramsey, Sudbury
PAGE 62 Don Johnston — Elbow Lake/lac Elbow, Wahnapitae
PAGE 63 Don Johnston — Gibson Road/chemin Gibson
PAGE 64 Don Johnston — John Street/rue John
PAGE 65 Don Johnston — Sudbury
PAGE 66 Mike Grandmaison — Tilton Lake/lac Tilton, Sudbury
PAGE 67 Don Johnston — Gibson Road/chemin Gibson
PAGE 68 Mike Grandmaison — Laurentian University/Université Laurentienne, Sudbury
PAGE 69 Mike Grandmaison — Kelly Lake Road/chemin lac Kelly
PAGE 70 Don Johnston — Lively
PAGE 71 Don Johnston — Naughton
PAGE 72 Mike Grandmaison — Worthington
PAGE 73 Don Johnston — Walden
PAGE 74 Mike Grandmaison — Junction Creek/crique Junction, Sudbury
PAGE 75 Inco Limited — Kelly Lake/lac Kelly, Sudbury (circa 1895)
PAGE 76 Mike Grandmaison — Lily Creek/crique Lily, Sudbury
PAGE 77 Don Johnston — Walden
PAGE 79 Don Johnston — Coniston
PAGE 80 Mike Grandmaison — Fairbanks
PAGE 81 Don Johnston — Copper Cliff
PAGE 82 Don Johnston — Gibson Road/chemin Gibson
PAGE 83 Don Johnston — Walden
PAGE 84 Don Johnston — Walden
PAGE 85 Don Johnston — Gibson Road/chemin Gibson
PAGE 86 Don Johnston — Lake Laurentian Conservation Area/Aire de conservation du lac Laurentien, Sudbury
PAGE 88 Mike Grandmaison — Tilton Lake/lac Tilton, Sudbury
PAGE 89 Mike Grandmaison — Skead
PAGE 91 Mike Grandmaison — Worthington
PAGE 92 Mike Grandmaison — Sudbury
PAGE 93 Don Johnston — Walden
PAGE 94 Don Johnston — Southwest By-pass/ route de contournement Sud-Ouest, Sudbury
PAGE 96 Mike Grandmaison — Tilton Lake/lac Tilton, Sudbury
PAGE 97 Mike Grandmaison — Lake Wanapitei/lac Wanapitei
PAGE 98 Don Johnston — Jarvi Road/chemin Jarvi
PAGE 99 Mike Grandmaison — Whitefish
PAGE 100 Mike Grandmaison — Highway 69/ route 69, Sudbury
PAGE 101 Don Johnston — Sudbury
PAGE 102 Don Johnston — Jarvi Road/chemin Jarvi
PAGE 103 Don Johnston — Copper Cliff
PAGE 104 Don Johnston — Copper Cliff
PAGE 105 Mike Grandmaison — Vermillion River/rivière Vermillion, Whitefish
PAGE 106 Mike Grandmaison — Simon Lake/lac Simon, Naughton
PAGE 107 Mike Grandmaison — Onaping Falls, Onaping
PAGE 108 Don Johnston — Elbow Lake/lac Elbow, Wahnapitae
PAGE 109 Don Johnston — Walden
PAGE 110 Don Johnston — Robinson Lake/ lac Robinson, Sudbury
PAGE 111 Mike Grandmaison — Tilton Lake/lac Tilton, Sudbury
PAGE 112 Don Johnston — Walden
PAGE 113 Don Johnston — Long Lake/lac Long, Sudbury
PAGE 114 Don Johnston — Lively
PAGE 119 Don Johnston — Southview Road/chemin Southview, Kelly Lake/lac Kelly, Sudbury
PAGE 120 Don Johnston — Coniston
PAGE 124 Mike Grandmaison — Worthington
BACK COVER / COUVERTURE ARRIÈRE :
Top left / En haut à gauche : Inco Limited — Copper Cliff. *Top right / En haut à droite :* Don Johnston — Copper Cliff. *Bottom left / En bas à gauche :* Mike Grandmaison — Ramsey Lake/ lac Ramsey, Sudbury. *Bottom right / En bas à droite :* Mike Grandmaison — Tilton Lake/lac Tilton, Sudbury

Selected Reading / Œuvre recommandée

John M. Gunn (Editor), 1995. *Restoration and Recovery of an Industrial Region*. Springer-Verlag, New York, 358 pp.

Acknowledgments / Remerciements

Many people have generously contributed to the development of this book.
Un bon nombre de personnes ont généreusement contribué dans le cadre de la création de ce livre.

HEALING THE LANDSCAPE COMMITTEE
COMITÉ D'UN PAYSAGE EN RENAISSANCE
Dan Napier (Co-Chair/coprésident), Kathy McDonald (Co-Chair/coprésidente), Tess Ackland (Project Coordinator/coordonnatrice du projet), Peter Beckett, Melissa Bresnahan, Sue Brierley, Mark Elliott, Tony Fasciano, Enzo Floreani, Franco Mariotti, Tom Peters and/et Mike Whitehouse.

This committee wishes to thank all people who have contributed to this project. Cette équipe désire remercier tous ceux et toutes celles qui ont contribué à ce projet.

CONTRIBUTORS / COLLABORTEURS
Art Gallery of Sudbury/La Galerie d'art de Sudbury, Karl Aubry, Dave Barrett, Black Cat Too!, Circle Design Incorporated, Chapters Incorporated, Nicole Charette, Gerard Courtin, Falconbridge Limited, Guy Gionet, John Gunn, Inco Limited, Mike Jakubo, Kelly Lamoureux, Leo L. Lariviere, Bill Lautenbach, MCTV, Tina McCaffrey, Muirheads, Yves Nadeau, Nexus Graphics, Stacie Quinn, David Pearson, Rachel Prudhomme, Paul Sajatovic, Mary Stefura, Sudbury Public Library/La Bibliothèque publique de Sudbury and/et Whizards at Science North/Whizards à Science Nord.

VETAC MEMBERS, 2000 / MEMBRES DU COTMIV, 2000
Peter Beckett (Chair/président), Bill Lautenbach (Vice-Chair/vice-président), Sandra Hotti (Secretary/secrétaire), Dave Barrett, Sue Brierley, Ron Burt, Sania Cheykova, Mark Elliott, Tony Fasciano, Enzo Floreani, Rick Gardner, Richard Gregory, John Gunn, Raymond Guy, Jim Ilnitski, Tina McCaffrey, Kathy McDonald, Shirley Makela, Bob Michelutti, Jim Miller, Dan Napier, John Negusanti, Mike Peters, Tom Peters, Paul Sajatovic, Jim Savage, Jurgen Storbeck, Andy van Drunen, John Vining and/et Keith Winterhalder.

This book was made possible through the financial contribution of the following / La contribution financière des organismes suivants a rendu possible la création de ce livre:

MATURE FOREST / PEUPLEMENT FORESTIER ADULTE

Millennium Bureau of Canada
Bureau du Canada pour le millénnaire

Regional Municipality of Sudbury
La Municipalité regionale de Sudbury

PRIMARY FOREST / FORÊT VIERGE
Domtar Inc.
Sudbury Regional Development Corporation / Corporation du développement régional de Sudbury
United Steelworkers of America / Métallurgistes unis d'Amerique

SECONDARY FOREST / FORÊT SECONDAIRE
Sudbury earthdancers

SEEDLING / SEMIS
A & G Upholstery and Decorating, A & J Homehardware, Bearskin Airlines, Club Montessori, Ethier & Son Construction, Falconbridge Limited, George Lunan Foundation, Greater Sudbury Chamber of Commerce/La chambre de commerce du Grand Sudbury, Inco Limited, Laurentian University/Université Laurentienne, Le Voyageur, Muirheads, Nickel District Conservation Authority/Commission le Conservation du District de Nickel, Northern Life, Regional Cablesystems, Retail Wholesale Department Store Union/le Syndicat des detaillants, grossistes et magasins à rayons, Sudbury Master Gardeners, Sudbury Star, Zellers.

Healing the landscape — an ecological rebirth. / Un paysage en renaissance — un renouveau écologique.